FAITS DE DRAINAGE

PARIS. — IMP. SIMON RAÇON ET COMP., RUE D'ERFURTH, 1.

FAITS

DE DRAINAGE

DÉBIT DES TERRES DRAINÉES

POSITION DES PLANS D'EAU SOUTERRAINS

RÉSULTATS D'EXPÉRIENCES CONDUISANT A DES RÈGLES
POUR LA DÉTERMINATION DES ÉCARTEMENTS A DONNER AUX DRAINS
DANS CERTAINS TERRAINS,
A L'USAGE DES INGÉNIEURS, AGRICULTEURS,
ET DE TOUTES PERSONNES S'OCCUPANT DE LA MISE EN APPLICATION
DU DRAINAGE.

PAR

S. C. DELACROIX

Ingénieur des ponts et chaussées, Chevalier de la Légion d'honneur

PARIS

LIBRAIRIE AGRICOLE DE LA MAISON RUSTIQUE

RUE JACOB, 26

1859

FAITS

DE DRAINAGE

DÉBIT DES TERRES DRAINÉES

POSITION DES PLANS D'EAU SOUTERRAINS

I. — *Préliminaires.*

Au point où en est arrivée aujourd'hui la mise en application du drainage, tant en France que dans les autres pays, il est permis de s'étonner de ce que son mode d'action, les détails de son influence, ne soient pas plus complétement connus, et de ce que la science ne nous ait pas fourni d'explications plus satisfaisantes sur sa théorie. On doit certainement en chercher la cause dans les difficultés que présente la question; mais la principale est, sans contredit, l'absence de faits d'expérience suffisamment étendus. Si on connaissait, par exemple, pour un certain nombre de terrains drainés, de composition connue, quelle est la situation de la nappe d'eau entre les drains, comment elle varie avec le débit, quelle est la quantité d'eau fournie par le drainage, son rapport avec la pluie tombée, lorsque c'est l'eau du ciel qui a la plus grande influence sur l'humidité du sous-sol, le rapport de ces divers faits avec l'état hygrométrique de l'atmosphère et du terrain, le temps de la pénétration, etc., il est permis de penser que la question aurait fait un pas vers sa solution, car la science eût trouvé les bases sérieuses qui lui manquent aujourd'hui pour asseoir un avis et tenter une explication.

Et, en admettant même que, par la multiplicité des causes mises en jeu, cette question soit de la nature de celles qu'il est interdit à l'homme d'éclaircir complétement, de pareilles expériences n'en porteraient pas moins leurs fruits. La pratique trouverait dans le relevé des faits des enseignements précieux pour ses applications ultérieures. La comparaison des terrains où ils ont été constatés avec ceux soumis à son étude lui ferait connaître les modèles à suivre, les écueils à éviter, la ferait arriver enfin plus sûrement au point précis que tout constructeur doit chercher, et qui réalise à la fois l'économie des dépenses et le maximum d'effet.

Ces expériences, nous les avons entreprises et poursuivies depuis 1855, d'abord sans résultats bien apparents, ensuite avec plus de succès, à mesure que les faits constatés présentaient plus de facilité à se classer. Nous en faisons connaître dès aujourd'hui le résultat, ainsi que les conséquences qu'on peut en tirer dès à présent; non pas qu'elles conduisent à des principes que nous croyions inattaquables, mais plutôt pour provoquer des études analogues sur d'autres terrains et dans d'autres conditions. Ce n'est, en effet, qu'en répétant un grand nombre de fois ces expériences qu'on pourra démêler les lois générales auxquelles les phénomènes du drainage sont soumis, au milieu des causes d'erreurs de toute sorte qui en obscurcissent, au premier abord, l'examen. Nous nous estimerions heureux si notre exemple était imité dans d'autres localités, et si, par la description des moyens que nous avons employés, nous évitions aux observateurs les incertitudes des premiers essais.

Nos expériences ont été faites dans les terrains drainés dépendant des domaines impériaux de la Sologne, la Motte-Beuvron et la Grillère. Celles dont nous rendrons compte s'appliquent à cinq drainages faits dans des conditions différentes, tant pour le mode d'opération que pour la nature du terrain ; ce sont :

1° La terre des Hauts-Noirs, située sur un plateau. — Sous-sol argilo-siliceux, la silice tendant à dominer ; drainage régulier fait à 10 mètres de distance, avec une profondeur moyenne de 1 mètre à $1^{m}.10$;

2° Le pré du Château. — Terrain bas, aboutissant à une rivière, sous-sol où la silice domine, traversé par des sources venant d'un coteau voisin ; drainage régulier fait à 11 mètres de distance, avec une profondeur de $0^{m}.90$ à 1 mètre ;

3° Le bourg de la Motte-Beuvron. — Drainage spécial, à $1^{m}.80$ de profondeur moyenne, une seule ligne de drains ; terrain généralement argilo-siliceux sur un point, argilo-siliceux suivi d'argile pure sur un autre ;

4° Terre de la Brossinière. — Terrain argileux compacte ; drainage régulier à 10 mètres de distance, avec une profondeur de 1 mètre à $1^{m}.10$;

5° Terre des Rez. — Terrain argilo-siliceux, la silice tendant à dominer ; drainage régulier à 25 mètres de distance, fait à une profondeur de $0^m.90$ à 1 mètre.

Les observations ont porté principalement sur la recherche de la hauteur du plan d'eau souterrain relativement aux drains et la quantité d'eau débitée à la bouche de sortie. Par hauteur du plan d'eau souterrain, nous entendons le niveau auquel se maintiennent, à un moment donné, les eaux du sous-sol, dans une fouille qui y serait ouverte.

Pour constater ce niveau, nous nous sommes servi de tubes en tôle de $0^m.05$ de diamètre, fermés à la partie inférieure et percés de trous. On les place verticalement en terre, sur une ligne perpendiculaire à celle des drains, et enfouis assez profondément pour que leur partie inférieure soit en contre-bas du niveau du drain. On place le dessus des tubes, protégé par un petit couvercle, sur la même ligne horizontale. On relève d'ailleurs bien exactement le profil du terrain ainsi que la hauteur des drains relativement à cette ligne. On fait l'observation en mesurant, avec une baguette plongée dans chaque tube, la distance existant entre la partie supérieure et le niveau de l'eau. Avec cette distance, il est facile de connaître, au moyen des opérations préliminaires, la charge d'eau sur les drains et la profondeur du plan d'eau dans le sous-sol.

La figure 1 rend compte de ces opéra-

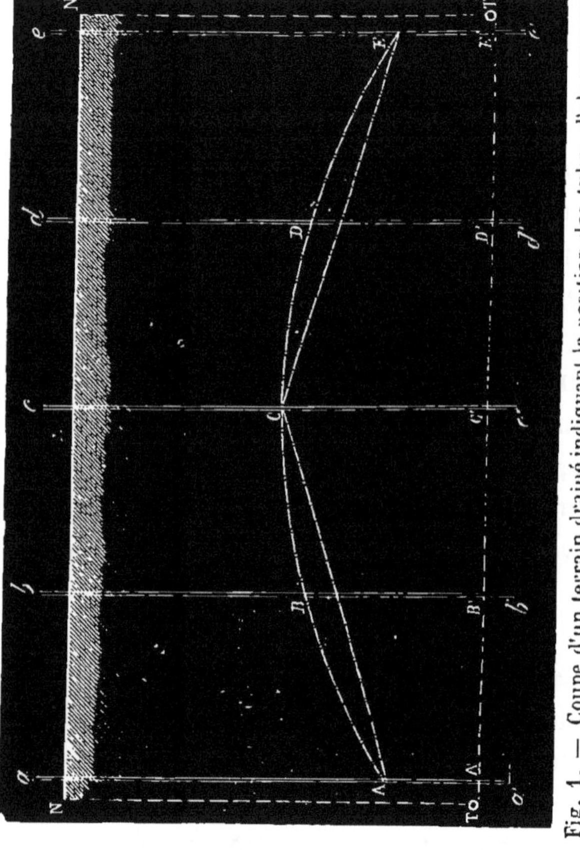

Fig. 1. — Coupe d'un terrain drainé indiquant la position des tubes d'observation.
Échelle de $0^m.008$ par mètre pour les longueurs.
Échelle de $0^m.04$ par mètre pour les hauteurs.

tions. Elle représente la coupe d'un terrain drainé. Les tuyaux de drainage y sont figurés en T et T' et supposés (ce qui n'arrive pas toujours) à la même hauteur. Les tubes d'observation sont *a a'*, *b b'*, *c c'*, *d d'*, *e e'*. Les observations préliminaires ont fait connaître les distances N T et N' T' du niveau du terrain N N' au plan T T', qui passe par le fond des drains, et qui, dans la figure, est supposé horizontal; on connaît aussi par le même moyen la hauteur des sommets *a*, *b*, *c*, *d*, *e*, des tubes au-dessus du même plan T T'. Au moment de l'observation, la figure suppose que l'eau est en A dans le tube *a a'*, en B dans le tube *b b'*, en C dans le tube *c c'*, et ainsi des deux autres. On a donc directement, par les indications de la baguette plongée dans les tubes, les hauteurs *a* A, *b* B, *c* C, *d* D, *e* E. De là on peut déduire la position du niveau de l'eau des tubes soit relativement à la ligne N N' du terrain, soit relativement à celle T T' du fond des drains.

Les hauteurs A A', B B', C C', D D', E E' représentent cette dernière. Ce sont celles que nous avons données dans les tableaux que l'on trouvera plus loin, en les désignant sous le nom de *charges d'eau* sur les drains. Nous avons appelé *charges initiales* les hauteurs A A', E E', qui donnent la position du niveau de l'eau souterrain près et au-dessus des drains.

Ce que nous avons appelé *plan d'eau sou-*

terrain ou *nappe d'eau souterraine* est la ligne ponctuée A B C D E, qui passe par les points où l'observation trouvait le niveau de l'eau dans les tubes. Nous avons enfin entendu par *pente totale* du plan d'eau souterrain la différence entre les deux hauteurs C C' et A A' ou E E', et par *pente par mètre* la même différence, qui n'est autre chose que la hauteur du point C au-dessus des points A et E, divisée par la distance A'C' ou C'E', qui les sépare respectivement.

La disposition de la figure 1 s'applique, sans modification, sauf celle des distances et profondeurs, à la terre des Hauts-Noirs, au pré du Château, aux terres de la Brossinière et des Rez. Le drain T, dit drain de gauche, est celui qu'on trouve à sa gauche lorsqu'on regarde la sortie d'eau. Les numéros donnés aux tubes partent de ce drain. Ainsi *a a'* porte le numéro 1, *b b'* le numéro 2 et ainsi de suite.

Quant au bourg de la Motte-Beuvron, l'observation a été faite sur un seul drain, ainsi qu'on le verra plus loin.

L'eau sortie se mesurait au moyen d'un vase de capacité connue, placé sous la sortie d'eau : il importe pour cela qu'elle soit disposée d'une façon particulière. Nous mesurions l'eau débitée pendant une minute toutes les vingt-quatre heures.

Il est nécessaire de faire concorder ces observations avec celles de la hauteur de pluie tombée. Celle-ci se mesure à un udomètre. A défaut d'instruments de ce genre établis dans les environs, on peut se servir d'un petit udomètre très-portatif, composé d'un récepteur en forme d'entonnoir coiffant une bouteille, le tout en fer-blanc. Le récepteur a une surface de $0^{m}.01$, ou 1 décimètre carré. L'eau de pluie se mesure tous les jours en versant le contenu de la bouteille dans une éprouvette graduée en centimètres cubes, et chaque division de cette éprouvette correspond à un gramme d'eau tombée ou à une épaisseur d'un dixième de millimètre.

Les instruments nécessaires pour ces observations sont donc :

Un certain nombre de tubes que le premier taillandier fabriquera pour $1^{f}.20$, peinture au minium comprise;

Un litre, ou toute autre mesure connue;

Un udomètre, valant 3 fr. (frais de pose compris) ;

Une éprouvette, pouvant valoir au minimum $2^{f}.50$, au maximum 5 francs.

Nos observations se sont faites d'abord à

intervalles assez éloignés, puis enfin tous les jours. Les dernières sont donc plus complètes et présentent par suite plus d'intérêt. Nous en donnerons les résultats moyens dans les paragraphes qui suivent, avec l'indication des circonstances particulières qui les concernent.

II. — *Terre des Hauts-Noirs.*

Les premières observations ont été faites sur une pièce de 37 hectares, drainée en 1854 et 1855, qui était louée antérieurement 400 fr., et qui, par l'augmentation des produits, avait largement payé en 1858 les frais d'améliorations foncières (marnage et drainage), s'élevant à près de 16,000 fr., qui y ont été faits.

La partie de cette pièce qui a été observée mesure $3^{hect}.30$. Elle est placée sur un petit plateau dominant deux vallées. Le sous-sol se compose principalement d'un sable argileux mêlé de cailloux, reposant sur un banc argileux assez distant et, sur une partie de la surface, d'argile. Le premier terrain surtout était, avant le drainage, inabordable pour les bestiaux dans les temps humides et après les pluies.

Le tuyau de sortie d'eau débouche dans le talus d'une tranchée du chemin de fer.

Les lignes de drains y ont été placées à 1 mètre environ de profondeur et distantes de 10 mètres. Reconnaissons de suite que cette distance était trop faible, et c'est ce que nos observations nous apprirent bientôt.

Les observations ont commencé au mois de février 1855 et se continuèrent pendant les trois mois suivants à intervalles irréguliers. Les tubes avaient été placés en deux points, et à chaque point on prenait, ainsi qu'il vient d'être dit, la hauteur de l'eau. On mesurait aussi par intervalle le débit effectué à la sortie d'eau.

Les résultats obtenus ne sont pas assez intéressants pour qu'il y ait lieu de les mentionner ici. Nous sommes là en effet dans la période des essais et des tâtonnements, et rien n'est fixé, soit en ce qui concerne le but à poursuivre, soit en ce qui concerne même la manière de faire l'expérience. Guidé que nous sommes aujourd'hui par les faits constatés à la suite, il nous est possible toutefois de reconnaître, au milieu des irrégularités de ces premières observations, la loi générale à laquelle est assujettie la marche du plan d'eau souterrain, c'est-à-dire qu'il s'élève près des drains et que sa pente augmente en même temps que le débit à la sortie d'eau s'accroît, qu'il s'abaisse au contraire et que la pente s'affaiblit quand le débit diminue. La pente était d'ailleurs généralement très-faible, de sorte que la première impression qu'on pouvait retirer de ces expériences était que l'écoulement par les tuyaux de sortie n'était pas sensiblement gêné par la rétentivité de la terre et que le plan d'eau souterrain s'abaissait, en raison du débit, à peu près comme le fait le liquide contenu dans un tonneau ouvert par le bas.

Les observations qui furent continuées par la suite vinrent rectifier ce que ces conclusions pouvaient avoir de trop absolu. Elles furent reprises au mois de janvier 1856. Au point où furent placés les tubes, et qui présentait la composition indiquée plus haut pour la plus grande partie de la surface observée, le drain de gauche est à 1^{m}.07 de profondeur, celui de droite à 0^{m}.96. Les tubes sont au nombre de cinq, espacés entre eux de 2^{m}.40; le plus rapproché des drains de gauche, qui porte le n° 1, en est distant de 0^{m}.20 seulement; cette distance est également celle qui sépare le drain de droite du tube n° 5.

Les observations, d'abord faites à intervalles éloignés pendant les neuf premiers mois, ont été continuées régulièrement tous les jours à partir du mois d'octobre 1856, jusque et y compris le mois de mai 1858. Le tableau résumé suivant fait connaître la position moyenne occupée par le plan d'eau souterrain par périodes mensuelles. Elle est donnée par la hauteur constatée à chaque tube, relativement aux drains de droite ou de gauche. Le nombre des jours d'observation est indiqué dans une colonne spéciale. Un autre tableau fait connaître en outre, pour rendre l'étude comparative plus facile, le débit constaté à la sortie d'eau.

POSITIONS MOYENNES PAR MOIS DU PLAN D'EAU SOUTERRAIN.

Année 1856.

Périodes des observations.	Nombre de jours d'observations.	Charges d'eau sur les tubes.				
		n° 1.	n° 2.	n° 3.	n° 4.	n° 5.
Janvier. . .	12	0.49	0.61	0.70	0.60	0.49
Février. . .	2	0.12	0.14	0.19	0.15	0.15
Mars . . .	5	0.40	0.41	0.41	0.41	0.34
Avril. . . .	5	0.50	0.48	0.48	0.44	0.42
Mai..	3	0.57	0.60	0 61	0.58	0.57
Juin. . . .	3	0.43	0.45	0.45	0.44	0.43
Juillet. . . .	3	0.17	0.19	0.19	0.19	0.17
Août. . . .	0	0.00	0.00	0.00	0.00	0.00
Septembre..	0	0.00	0.00	0.00	0.00	0.00
Octobre. . .	31	0.10	0.18	0.22	0.22	0.22
Novembre. .	30	0.17	0.20	0.22	0.22	0.18
Décembre. .	31	0.29	0.34	0.38	0.37	0.34
Totaux. . .		3.24	3.60	3.85	3.62	3.31
Moyennes. . .		0.32	0.36	0.38	0.36	0.33

	Débit à la sortie d'eau.		Débit à la sortie d'eau.
	Mèt. cubes.		Mèt. cubes
Janvier....	875.50	*Report*..	3,033.34
Février....	0.00	Août.....	0.00
Mars.....	286.56	Septembre..	196.33
Avril.....	757.44	Octobre...	102.18
Mai.....	588.96	Novembre..	332.34
Juin.....	524.88	Décembre...	606.48
Juillet....	0.00		
A reporter.	3,033.34	Total...	4,270.67

Année 1857.

Périodes des observations.	Nombre de jours d'observations.	Charges d'eau sur les tubes. n° 1.	n° 2.	n° 3.	n° 4.	n° 5.
Janvier...	31	0.65	0.70	0.72	0.71	0.64
Février...	28	0.18	0.18	0.18	0.17	0.15
Mars....	30	0.08	0.14	0.14	0.14	0.08
Avril....	30	0.14	0 17	0.18	0.18	0.14
Mai....	31	0.10	0.11	0.12	0.11	0.10
Juin....	30	0.04	0.02	0.04	0.02	0 05
Juillet....	31	0.00	0.00	0 00	0.00	0 00
Août....	31	0.00	0.00	0.00	0.00	0.00
Septembre..	30	0.00	0.00	0.00	0.00	0 00
Octobre...	31	0.00	0.00	0.00	0.00	0.00
Novembre..	30	0.00	0.00	0.00	0.00	0.00
Décembre..	31	0.00	0.00	0.00	0 00	0.00
Totaux...		1.19	1.32	1.38	1.33	1.16
Moyennes...		0.20	0.22	0.23	0.22	0.20

	Débit à la sortie d'eau.		Débit à la sortie d'eau.
	Mèt. cubes.		Mèt. cubes.
Janvier....	844.20	*Report*...	2,188.20
Février....	481.00	Août.....	0 00
Mars.....	282.40	Septembre .	0.00
Avril.....	478.80	Octobre...	0.00
Mai.....	101.80	Novembre..	0.00
Juin.....	0.00	Décembre..	8.58
Juillet....	0.00		
A reporter.	2,188.20	Total...	2,196.78

Année 1858.

Périodes des observations.	Nombre de jours d'observations.	Charges d'eau sur les tubes. n° 1.	n° 2.	n° 3.	n° 4.	n° 5.
Janvier. . .	31	0.00	0.00	0.00	0 00	0.00
Février. . .	28	0.00	0.00	0.00	0.00	0.00
Mars. . . .	31	0.08	0.12	0.12	0.0[illegible]	0.07
Avril. . . .	30	0.00	0.00	0.00	0.00	0.00
Mai.	31	0.00	0.00	0.00	0.00	0.00

	Débit à la sortie d'eau. Mèt. cubes.
Janvier.	0.84
Février.	8.34
Mars.	262.98
Avril.	0.00
Mai.	0.17
Total.	272.33

Les mois qui ne portent pas d'indications de charge d'eau sont ceux où la nappe souterraine n'a pu être constatée dans les tubes, ce qui signifiait qu'elle était alors inférieure au niveau des drains. Quelques-uns des mois où ce fait s'est présenté, tels que décembre 1857, janvier, février et mars 1858, ont pourtant présenté des débits, très-faibles à la vérité, à la sortie d'eau. On doit admettre qu'ils provenaient de lignes de drains autres que celles auxquelles se rapportait l'observation des tubes.

Si nous comparons d'abord les deux années 1856 et 1857, on y trouvera pour l'ensemble une différence notable dans la situation du plan d'eau. Dans la première, son élévation moyenne au-dessus des drains est de $0^m.32$; il affecte une pente totale de $0^m.06$, ou de $0^m.012$ par mètre, et il se trouve, à mi-distance des drains, à $0^m.69$ en contre-bas du terrain; dans la seconde, la charge moyenne sur le drain n'est plus que de $0^m.20$, la pente de $0^m.03$ ou de $0^m.006$ par mètre, et la nappe d'eau se trouve à $0^m.84$ du sol. On voit en même temps que le débit total fourni par le drainage, qui était en 1856 de $4{,}270^{mc}.67$, a été réduit à plus de moitié ou $2{,}196^{mc}.78$ en 1857. La sécheresse de l'année 1857 explique cette différence; on verra en effet plus loin que la quantité d'eau de pluie tombée constatée aux udomètres était de $732^{mm}.30$ en 1856 et de $453^{mm}.25$ seulement en 1857. Ajoutons qu'elle avait été en 1855 de $620^{mm}.25$.

Il résulte de cette première comparaison sur l'ensemble des résultats des observations des deux années que la situation du plan d'eau suit la marche du débit formé par le drainage; plus élevé quand le débit augmente, il s'abaisse quand le débit diminue, et ce mouvement est caractérisé par deux faits : d'une part, l'augmentation ou la diminution de la charge sur les drains; d'autre part, l'augmentation ou la diminution de la pente offerte par la nappe d'eau dans le sous-sol.

Si, de l'examen des moyennes annuelles on passe à celui des moyennes mensuelles, on peut faire la même remarque générale. Toutefois des anomalies assez nombreuses semblent détruire la continuité de la loi qu'on serait tenté de déduire de la première conclusion. Ces anomalies se remarquent principalement dans la première série des observations. Sans cesser d'exister à partir d'octobre 1856, elles sont toutefois moins sensibles; mais en même temps la marche des plans d'eau souterrains se caractérise par ces deux faits principaux, pentes faibles en général (elles varient par mètre de $0^m.014$ à $0^m.00$), modifications sensibles dans la hauteur de charge près du drain, suivant la masse d'eau débitée. Si ces conclusions ont une certaine analogie avec celles tirées des expériences de 1855, elles en diffèrent toutefois sensiblement en ce que l'on voit apparaître plus clairement le rôle joué par le sous-sol, pour s'opposer à la marche des eaux souterraines vers le drain qui les emporte au dehors.

Les observations de la terre des Hauts-Noirs ont eu aussi pour objet, ainsi que nous

l'avons dit plus haut, la constatation des débits à la sortie d'eau. Les résultats obtenus sont consignés par mois au tableau qui suit, depuis le mois de janvier 1856 jusqu'à la fin de mai 1858. Les débits constatés pour les premiers mois de 1856 ont été déduits d'observations faites à certains intervalles : à partir du mois d'octobre, l'observation a été faite régulièrement tous les jours.

Le tableau contient en outre un relevé par mois de la quantité d'eau tombée par hectare, lequel a servi à déterminer le cube d'eau tombé sur la surface observée, et, par suite, le rapport entre le débit et l'eau de pluie reçue. Nous rappellerons ici que cette surface, étant placée sur un plateau et séparée des terrains qui s'inclinent sur elle par la tranchée du chemin de fer, ne peut recevoir d'autre eau que l'eau de pluie. Aucune autre cause ne peut donc influer sur les résultats fournis par le tableau en ce qui concerne la capacité du sous-sol pour retenir ou laisser échapper l'eau qu'il a reçue.

EAU TOMBÉE ET DÉBITS.

Année 1856.

Mois des observations.	Quantité de pluie tombée par hectare.	Quantité de pluie tombée sur la surface observée.	Débit à la sortie d'eau.	Rapport des débits à la pluie tombée.
	Mèt. cubes.	Mèt. cubes.	Mèt. cubes.	
Janvier.. .	884.35	2,918.35	875.50	0.30
Février.. .	81.30	268.29	0.00	0 00
Mars. . .	566.25	1,868 62	286.56	0.15
Avril.. . .	726.25	2,396.62	757.44	0 31
Mai. . . .	1,625.00	5,362.50	588.96	0.11
Juin. . . .	523.75	1,728.37	524.88	0.30
Juillet. . .	170.00	561.00	0.00	0.00
Août. . . .	332 50	1,097.25	0.00	0.00
Septembre.	1,260.00	4.158.00	196.35	0.04
Octobre. .	238.70	787.70	102.18	0.12
Novembre .	362.50	1,196.25	332.34	0.28
Décembre..	572.50	1,889.25	606.48	0.32
Totaux	7,343.10	24,232.20	4,270.67	
Moyenne.				0.18

Année 1857.

Mois des observations.	Eau de pluie tombée par hectare.	Eau de pluie tombée sur la surface observée.	Débit à la sortie d'eau.	Rapport des débits à la pluie tombée
	Mèt. cubes.	Mèt. cubes.	Mèt. cubes.	
Janvier.. .	580.00	1,914	844.20	0 44
Février.. .	213.75	702	481.00	0.68
Mars . . .	291.25	961	282.40	0.30
Avril. . . .	437.50	1,444	478.80	0.33
Mai. . . .	273.75	904	101.80	0.11
Juin.. . .	570.00	1,881	0.00	"
Juillet. . .	71.20	235	0.00	"
Août.. . .	160.00	528	0.00	"
Septembre.	681.30	2,247	0.00	"
Octobre. .	750.00	2,475	0.00	"
Novembre .	301.20	993	0.00	"
Décembre..	202.60	666	8.58	"
Totaux.	4,532.55	14,950	2,196.78	
Moyenne.				0.14

Année 1858.

Mois des observations.	Eau de pluie tombée par hectare.	Eau de pluie tombée sur la surface observée.	Débit à la sortie d'eau.	Rapport du débit à la pluie tombée.
	Mèt. cubes.	Mèt. cubes.	Mèt. cubes.	
Janvier.. .	262.50	866	0.84	″
Février.. .	161.00	531	8.54	0.01
Mars. . . .	311.10	1,026	262.98	0.25
Avril.. . .	440.00	1,452	0.00	″
Mai. . . .	556.00	1,835	0.17	″
Totaux.	1,730.60	5,710	272.53	
Moyenne.				0.05

L'écoulement a cessé en 1856, le 27 juin, a repris le 10 septembre pour finir le 17, recommencer le 24, et ne plus cesser jusqu'à la fin de l'année. Il se continue en 1857 pour s'arrêter le 19 mai, suspension qui dure jusqu'à la fin de l'année. Il recommence vers le 12 décembre, mais d'une manière tout à fait insignifiante, s'arrête de nouveau dans les premiers jours de janvier, recommence à donner quelques traces d'eau le 22, puis un débit continue, mais excessivement faible en février, reprend enfin en mars, pour s'arrêter tout à fait le 25 du même mois.

Ces différences si tranchées dans la marche de l'écoulement trouvent leur explication dans la seconde colonne du tableau. On voit en effet que la quantité de pluie a été de 7,343 mètres cubes par hectare en 1856, et qu'elle n'a été que de 4,532, soit les deux tiers seulement, en 1857. La première a été en effet une année humide et la seconde une année sèche. Or, ainsi que les expériences qui vont suivre le confirment, comme le débit constaté aux sorties d'eau d'une terre drainée dépend non pas de la masse d'eau que reçoit le terrain, mais de son état hygrométrique, on s'explique ainsi comment le débit total de la terre des Hauts-Noirs a été de 4,270 mètres en 1856 et de 2,196 mètres, ou la moitié seulement, en 1857.

Si, au lieu de comparer les débits totaux, on compare les rapports entre ces débits et la quantité d'eau de pluie, on trouve pour les deux années des chiffres moins divergents. Ainsi ce rapport a été de 0m.18, ou moins d'un cinquième, en 1856, tandis qu'il a été de 0m.14, ou moins d'un septième, en 1857. Des expériences plus suivies et prolongées pourront seules nous apprendre si ce rapprochement est exceptionnel ou si l'on doit admettre que, dans une période de temps suffisamment longue, comprenant notamment les diverses saisons de l'année, le drainage enlève aux terres à peu près la même proportion de l'eau que les pluies leur ont fournie, quelle que soit d'ailleurs la manière dont elles se répartissent.

Ce résultat serait d'autant plus extraordinaire, que c'est de cette répartition surtout que dépend l'état hygrométrique du sous-sol, et par suite le débit. Le tableau qui précède en offre un exemple frappant, si l'on étudie notamment la suite des rapports entre le débit et la pluie tombée depuis le mois de septembre 1856 jusqu'au mois de mai 1857. On les voit en effet monter graduellement pour prendre leur maximum en février, où le débit s'élève jusqu'aux deux tiers de la pluie, et décroître ensuite jusqu'au dixième. Nous retrouverons ces mêmes faits plus loin (Drainage du bourg de la Motte-Beuvron) et nous insisterons un peu davantage sur les conclusions à en tirer.

Nous avons essayé de nous rendre compte de la masse d'eau enlevée à la terre par l'évaporation et la culture. Pour cela, nous avons recherché la quantité d'eau que contenait le terrain à l'origine et à la fin d'une certaine période. La première partie de l'expérience a eu lieu le 6 septembre 1856, la seconde le 4 août 1857. Un cube de terre d'une capacité connue (un litre) a été pris à diverses profondeurs jusqu'à 1^{m}.20, pesé, puis séché à un four de boulanger et pesé de nouveau. La différence de poids représentant l'eau perdue a été trouvée en moyenne de 0.264 en septembre et de 0.145 en août.

On doit conclure de là que les 3^{hect}.30 de la surface observée contenaient, sur la profondeur de 1^{m}.20, 10,454 mètres cubes d'eau à l'origine de l'expérience, et seulement 5,742 mètres à la fin. Pendant cet intervalle, elle avait reçu 16,066 mètres provenant de la pluie et en avait perdu 3,625 par l'action du drainage. On peut déduire de là la quantité d'eau perdue par l'opération suivante :

Quantité d'eau existante à l'origine.	10,454
Quantité d'eau fournie par la pluie. . . .	16,066
Total.	26,520
Quantité d'eau trouvée à la fin de l'expérience.	5,742
La perte a été ainsi de..	20,778

Elle se décompose ainsi :

Perte par l'écoulement dû au drainage.. . .	3,625
Perte qu'on doit attribuer à l'évaporation et aux besoins des plantes[1]	17,153
Total égal.	20,778

La première perte est ainsi le cinquième seulement de la seconde. Celle-ci considérée comme répartie sur la surface de 3^{hect}.30 représente une hauteur d'eau perdue de

(1) Une partie de cette quantité peut avoir traversé le sous-sol en contre-bas du plan du drainage. D'un autre côté, l'évaporation doit avoir agi pour diminuer la masse d'eau de cette partie du sous-sol pendant la saison sèche.

$0^{m}.520$ pendant l'intervalle de onze mois que comprend l'expérience. Pendant ce temps, l'eau de pluie tombée représentait une hauteur de $0^{m}.487$.

III. — *Pré du Château.*

La seconde série d'expériences dont nous avons à rendre compte se rapporte à une prairie de $1^{hect}.80$ de superficie, longeant le chemin de fer du Centre et aboutissant à la rivière du Beuvron, dans les talus de laquelle sont placées les sorties d'eau. Cette pièce était en forme de cuvette, et les eaux provenant d'un petit coteau situé sur sa gauche qui coulaient à sa surface ou dans le sous-sol, se trouvant arrêtées par la tranchée du chemin de fer, produisaient un marécage que le drainage seul a pu faire disparaître.

Le terrain se compose dans la plus grande étendue de la pièce, et notamment au point où les tubes d'observation ont été placés, d'un sable gris ou jaune graveleux, avec une certaine proportion d'argile. Les drains ont été espacés de 11 mètres les uns des autres : leur profondeur est de $0^{m}.80$. Les tubes d'observation, au nombre de cinq, sont, par suite, distants de $2^{m}.55$. Le nº 1, le plus rapproché du drain de gauche, en était distant de $0^m.40$, et le n° 5, le plus rapproché du drain de droite, en était aussi distant de $0^m.40$.

Les observations ont commencé dans le mois de septembre 1856; elles ont porté pendant deux mois uniquement sur les débits; mais, à partir du mois de novembre, elles ont porté à la fois sur les débits et la situation du plan d'eau souterrain.

Le tableau qui suit, disposé comme celui de l'article précédent, fait connaître les moyennes des résultats obtenus par mois.

SITUATION MOYENNE, PAR MOIS, DU PLAN D'EAU SOUTERRAIN.

Année 1856

Mois des observations.	Charges d'eau sur les tubes.					Débits constatés à la sortie d'eau.
	n° 1.	n° 2.	n° 3.	n° 4.	n° 5.	
Septembre..	"	"	"	"	"	1,549.70
Octobre...	"	"	"	"	"	1,069.44
Novembre..	0.31	0.31	0.33	0.31	0.30	1,040.64
Décembre [1].	0.50	0.51	0 53	0 51	0.48	1,712.17
			Total......			5,371.95

(1) Crue du Beuvron.

Année 1857.

Janvier [1]. .	0.67	0.67	0.69	0.69	0.67	1,160.64
Février. . .	0.59	0.61	0.62	0.61	0.59	1,087.08
Mars [2]. . .	0.43	0.65	0.47	0.50	0.48	2,822.76
Avril. . . .	0.44	0.50	0.52	0.50	0.49	1,921.56
Mai.. . . .	0 15	0.18	0.19	0.19	0.17	829.02
Juin . . .	0.01	0.04	0.06	0.06	0.04	127.75
Juillet [3]. . .	"	"	"	"	"	0.00
Août [4]. . .	"	"	"	"	"	0.00
Septembre [5].	"	"	"	"	"	0.00
Octobre. . .	0.16	0.19	0.19	0.19	0.17	469.08
Novembre. .	0.11	0.13	0.15	0.14	0.12	834.10
Décembre. .	0.13	0.15	0.17	0.17	0.15	663.54
			Total.			9,915.53

Année 1858.

Mois des observations.	Charges d'eau sur les tubes. n° 1.	n° 2.	n° 3.	n° 4.	n° 5.	Débits constatés à la sortie d'eau.
Janvier. . .	0.13	0.15	0 17	0.16	0.15	812.96
Février. . .	0.14	0.16	0.18	0.18	0.17	899.34
Mars. . . .	0 15	0.17	0.19	0.19	0.18	711.50
Avril. . . .	0.14	0.16	0.18	0.18	0.17	796 86
Mai.. . . .	0.15	0.17	0.17	0 17	0.16	775.14
			Total.			3,995.80

La loi signalée dans l'exemple précédent pour la marche du plan d'eau souterrain, comparée à celle des débits, ne se présente ici que pour les termes extrêmes; par exemple, si on fait la comparaison pour le mois d'avril 1857, où le débit est de 1,921 mètres, celui de novembre 1856 où il est de 1,040,

(1) Crue du Beuvron.
(2) Id.
(3) Le plan d'eau souterrain est en contre-bas du niveau des drains.
(4) Id.
(5) Id.

ceux de mai, octobre, novembre, décembre 1857 et les premiers mois de 1858 réunis ensemble et donnant ainsi un débit moyen de 750 mètres environ, enfin celui de juin 1857, où ce débit tombe à 128 mètres. C'est en groupant ainsi les résultats qu'on arrive à voir que la nappe d'eau s'élève quand les débits augmentent, et qu'elle s'abaisse au contraire quand ils diminuent. On voit ainsi la charge sur les drains varier dans des limites assez étendues; mais il n'en est pas de même de la pente affectée par la nappe d'eau, qui se maintient entre $0^{m}.02$ et $0^{m}.04$ ou $0^{m}.004$ et $0^{m}.008$ par mètre, sans que les variations suivent une loi régulière. On doit remarquer en outre que le point culminant de la courbe dessinée par la pente entre les deux drains n'est pas toujours très-fixe. Il est placé tantôt près du drain de droite, tantôt près du drain de gauche, tantôt au milieu de la distance qui les sépare. La seule conclusion à tirer de là, sauf vérifications ultérieures des causes particulières qui auront pu influer sur les expériences, c'est que la pente du plan d'eau souterrain est sensiblement constante; ce fait serait dû à la nature perméable du terrain et à la faible résistance qu'il oppose au mouvement latéral des eaux du sous-sol, ce qui le ferait ainsi se rapprocher du type extrême que nous avions admis dans l'origine, comme étant celui de la terre des Hauts-Noirs.

On a dû remarquer que nous avions omis à dessein, dans l'étude des résultats des observations relatives au pré du Château, de parler de ceux que présentent les mois de décembre 1857, janvier, février et mars 1858. C'est parce qu'ils ont été soumis à une influence particulière sur laquelle nous devons appeler l'attention. Elle est signalée dans le tableau par ces mots mis en note : crue du Beuvron. C'est qu'en effet, pendant la totalité du mois de janvier et une partie des mois de décembre et mars[1], le niveau de la rivière, élevé par suite d'une crue, a dépassé celui des sorties d'eau du drainage, de sorte que le débit ne s'effectuait plus à l'air libre. Les chiffres inscrits au tableau qui précède n'ont été évalués qu'approximativement, de sorte qu'il ne serait pas possible de tirer des conclusions bien positives de leur com-

(1) Pendant le mois de février, un des drains principaux s'étant trouvé engorgé, le débit a diminué naturellement, et la charge d'eau a été très-augmentée. Après la réparation qui a été faite, l'écoulement est redevenu libre et ce rétablissement n'a pas été sans influence sur le débit extraordinaire fourni par le mois de mars.

paraison avec ceux exprimant les charges d'eau sur les drains. Mais, de plus, ces hauteurs d'eau ont certainement été influencées par la situation particulière dans laquelle avait lieu le débit. On trouve, en effet, sur les feuilles d'observation quotidienne, en passant d'un jour où l'écoulement avait lieu à l'air libre, à celui où les bouches de sorties étaient noyées, des augmentations de $0^m.08$, $0^m.09$ et jusqu'à $0^m.12$, dans les chiffres indiquant la charge d'eau sur les drains. Il ne nous semble pas possible d'attribuer ces différences à une coïncidence d'action qui produirait la crue de la rivière en même temps que l'augmentation du débit. Il est certain au contraire que cette coïncidence ne peut avoir lieu dans la généralité des cas, la rivière se trouvant au point considéré à 40 kilomètres de sa source et la pièce drainée n'ayant pas plus de 550 mètres de longueur. Dans de telles conditions, eu égard surtout à la nature du sous-sol, il est impossible d'admettre que le maximum de crue d'un côté, celui du débit et par suite de charge d'eau sur les tubes de l'autre, puisse avoir lieu en même temps lorsqu'ils sont produits par la même cause atmosphérique.

On doit reconnaître que le fait signalé provient de ce que la bouche de sortie était noyée. Il est d'autant plus important à noter, que les tubes d'observations sont à plus de 300 mètres du Beuvron et que le terrain où ils sont placés est à 2^{m}.80 au-dessus des bouches de sortie. Ajoutons que nous avons remarqué le même fait dans une autre série de tubes placés à 450 mètres de la rivière, dans un terrain élevé de 3^{m}.90 au-dessus des sorties d'eau. Il semble dès lors que le niveau affecté par la rivière en crue, et qui s'est élevé de 0^{m}.60 à 0^{m}.70 au maximum au-dessus des bouches de sortie, n'aurait dû gêner en rien l'écoulement dans la partie des drains supérieure à ce niveau.

Dès qu'il n'en est pas ainsi, il faut admettre que le débouché à l'air libre, en mettant tout ou partie des drains en communication avec l'atmosphère, favorise le dégagement de l'eau et par suite influe sur l'abaissement du plan d'eau souterrain dans toute l'étendue du drainage. L'observation détaillée des faits nous a conduit ainsi à la même conclusion que certaines remarques isolées faites dans d'autres drainages, où nous avions reconnu d'une manière sommaire que, lorsqu'une sortie d'eau était noyée, l'écoulement par les drains se trouvait notablement gêné. Une autre remarque vient confirmer ce que nous venons de dire, c'est que l'écoulement par les bouches de drainage ne se fait jamais à gueule bée, et qu'une certaine place se trouve ainsi toujours réservée à l'introduction de l'air.

Il semble utile de savoir si ce fait, résultant de nos observations, est général. Il serait de nature à apporter une modification importante dans les méthodes proposées pour éviter les incrustations des matières contenues dans les eaux de drainage et qui se précipitent au contact de l'air; méthodes qui consistent à noyer les sorties d'eau. Des expériences plus nombreuses que celles que nous avons pu faire jusqu'ici apprendraient sans doute si pour éviter un mal on ne tombe pas dans un autre plus grave; ou bien elles nous feraient connaître les moyens de les éviter tous deux. Si l'influence d'une sortie noyée se traduit en effet par une surélévation du plan d'eau souterrain, il suffira d'en connaître l'importance, suivant la nature du terrain, pour en déduire l'espacement spécial qu'il y aurait lieu de donner au drain, espacement qui sera par suite un peu plus faible qu'il n'eût été si le débit avait eu lieu à l'air libre.

Nous avons insisté sur l'étude de ce fait remarquable et de ses conséquences, parce que, dans les observations relatives au drainage du pré du Château, c'est lui qui mérite le plus de fixer l'attention. Nous compléterons ce paragraphe par le relevé des débits fournis aux sorties d'eau comparés à la pluie tombée sur la surface de la pièce. Le tableau ci-dessous, qui présente ces résultats, est copié sur le modèle de celui du drainage des Hauts-Noirs.

EAU TOMBÉE ET DÉBITS.

Année 1856.

Mois des observations.	Eau de pluie tombée		Débit aux sorties d'eau.	Rapport du débit à la pluie tombée.
	par hectare.	sur la surface observée.		
	Mèt. cubes.	Mèt. cubes.	Mèt. cubes.	
Septembre. .	1,260.00	2,268.00	1,549.70	0.67
Octobre. . .	238.70	429.66	1,069.44	2.50
Novembre. .	362.50	652.50	1,040.64	1.59
Décembre[1]. .	572.50	1,030.50	1,712.17	1.66
Totaux.	2,433.70	4,380.66	5,371.95	
	Moyenne.			1.22

(1) Sorties d'eau noyées pendant quatorze jours.

Année 1857.

Mois des observations.	Eau de pluie tombée par hectare.	Eau de pluie tombée sur la surface observée.	Débit aux sorties d'eau.	Rapport du débit à la pluie tombée.
	Mèt. cubes.	Mèt. cubes.	Mèt. cubes.	
Janvier[1]. . .	580.00	1,044.00	1,160.64	1.11
Février[2]. . .	213.70	384.66	1,087.08	2 85
Mars. . . .	291.30	524.34	2,822 76	5.38
Avril[3]. . . .	437.50	787.50	1,921.56	2.45
Mai.	273.70	492.66	829.02	1.68
Juin.	570.00	1,026.00	127.75	0.12
Juillet. . . .	71.20	128.16	0.00	0.00
Août. . . .	160.00	288.00	0.00	0.00
Septembre. .	681.30	1,226.34	0.00	0.00
Octobre. . .	750.00	1,350.00	469.08	0.35
Novembre. .	301 20	542.16	834.10	1.54
Décembre. .	202.50	364.50	663.54	1.82
Totaux.	4,532 40	8,158.32	9,915.53	
	Moyenne.			1.21

Année 1858.

Mois des observations.	Eau de pluie tombée par hectare.	Eau de pluie tombée sur la surface observée.	Débit aux sorties d'eau.	Rapport du débit à la pluie tombée.
Janvier. . .	131.30	236.34	812.96	3.86
Février . .	161.00	289.80	899.34	3.10
Mars. . . .	311.10	560.00	711.50	1.28
Avril. . . .	440.00	792.00	796.86	1.00
Mai. . . .	556.00	1,000.80	775.14	0.77
Totaux.	1,599.40	2,878.94	3,995.80	
	Moyenne.			1.31

L'écoulement a été interrompu à la fin du mois de juin 1857, et a repris le 5 octobre. Pendant les interruptions qu'il a subies et dont la durée est indiquée aux notes 1, 2 et 3, le débit n'a pu être mesuré directement ; les chiffres que nous avons portés

(1) Sorties d'eau noyées.
(2) Engorgement d'un drain.
(3) Sorties d'eau noyées pendant dix-huit jours.

pour le représenter ont été calculés, en supposant qu'il s'est continué régulièrement, dans l'intervalle non observé. Ces chiffres, quoique approximatifs, donnent néanmoins une idée de l'importance de la masse d'eau que le drainage a enlevée au sol, et qui, toutes compensations faites, dépassent d'un cinquième, en 1857, la quantité de pluie reçue par la surface drainée.

On doit conclure de là que l'eau enlevée ne provenait pas seulement de la pièce observée, mais encore des terrains placés au-dessus dans le coteau situé à sa gauche. En admettant ces terrains drainés et fournissant la même proportion d'eau que les Hauts-Noirs, soit 14 pour 100 de la pluie tombée, on trouve que la surface qui aurait donné les 9,915 mètres cubes constatés à la sortie d'eau mesurerait 15^{hect}.70.

Cette comparaison entre les débits fournis par le pré du Château et la terre des Hauts-Noirs donne les mêmes résultats pendant les quatre derniers mois de 1856 que pendant l'année 1857 : les rapports entre ces débits et la pluie tombée sont en effet de 1^{m}.22 pour le premier, et de 0^{m}.15 pour la seconde : il n'en est plus de même pour les cinq premiers mois de 1858.

On remarquera d'ailleurs, en poursuivant cette comparaison, et en considérant plutôt les traits généraux (sans s'arrêter aux divergences qu'on peut attribuer aux interruptions provenant des crues), que les débits suivent sensiblement la même marche entre les mois de septembre 1856 et mai 1857, et que la proportion de l'eau contenue dans le sous-sol que le drainage enlève à la terre va en croissant en raison inverse de la puissance de l'évaporation. Cette loi serait ainsi également vraie, quand les eaux du sous-sol proviennent d'infiltrations et de sources, ou quand elles sont dues uniquement à la pluie.

IV. — *Bourg de Lamotte-Beuvron.*

Les faits que nous avons à signaler se présentent, dans ce cas particulier, sous une forme différente de celle des drainages ordinaires, en ce que l'observation n'a porté que sur une ligne de drains placés à une grande profondeur. Pour bien faire comprendre la situation, il est utile de donner quelques explications sommaires sur l'opération à laquelle elle se rapporte.

Le drainage du bourg de Lamotte-Beuvron a été opéré au moyen de lignes de drains placées dans les rues, un peu en avant des habitations. Afin de permettre l'établissement de caves de $1^{m}.65$ de hauteur, les drains ont été placés généralement à $1^{m}.80$ de profondeur, ce qu'a rendu possible le relief du terrain. Le bourg présentant deux pentes, l'écoulement a lieu par deux sorties d'eau, versant, l'une dans le Chicandin, au nord; l'autre dans le Beuvron, au sud.

Les tubes d'observation ont été placés suivant deux lignes perpendiculaires à chacune de ces deux directions et à leur droite. Ils ont 2 mètres de hauteur, sont à 5 mètres de distance l'un de l'autre, le plus rapproché des drains en étant aussi à 5 mètres. — La zone observée dans chaque cas avait ainsi 40 mètres de largeur et correspondait à l'action d'un drain unique comptée dans le sens de la pente. Disons tout de suite que l'ordre de rotation adopté dans les relevés qui vont suivre part des drains eux-mêmes, le numéro 1 en étant le plus rapproché et le numéro 8 le plus éloigné.

La pente générale de la vallée allant de l'est à l'ouest, on voit que la situation des deux points observés n'est pas la même relativement à cette pente. Dans le poste correspondant à la sortie du Chicandin, elle se dirige vers le drain : elle tend au contraire à s'en éloigner dans l'autre. La nature des terrains rencontrés varie aussi dans les deux cas. Il se compose, dans le premier (fig. 3, page 46), sur 1 mètre d'épaisseur, de terre végétale suivie de sable gris et jaune un peu argileux, d'une couche de sable jaune argileux, sur $0^m.25$, et ensuite d'argile. Le drain est placé à une profondeur de $1^m.90$ au-dessous du niveau moyen du terrain. Dans le second (fig. 2, page 38), le terrain se compose de terre végétale sur $0^m.50$, de sable jaune caillouteux mêlé d'argile sur $0^m.50$, et, sur le reste de l'épaisseur, de sable jaune et gris, argileux et graveleux. Le drain est placé en ce point à $1^m.75$ en contre-bas du niveau moyen du terrain.

Le drainage du bourg de la Motte-Beuvron a été effectué en mai 1856.

Les recherches ont porté d'abord uniquement sur la quantité d'eau débitée; nous en présentons les chiffres plus loin. Les tubes n'ont été observés qu'à partir du mois de janvier 1857 pour la sortie du Beuvron, et du 20 avril pour celle du Chicandin.

Les tableaux qui suivent font connaître la situation moyenne, par mois, du plan d'eau souterrain aux divers tubes observés. Elle

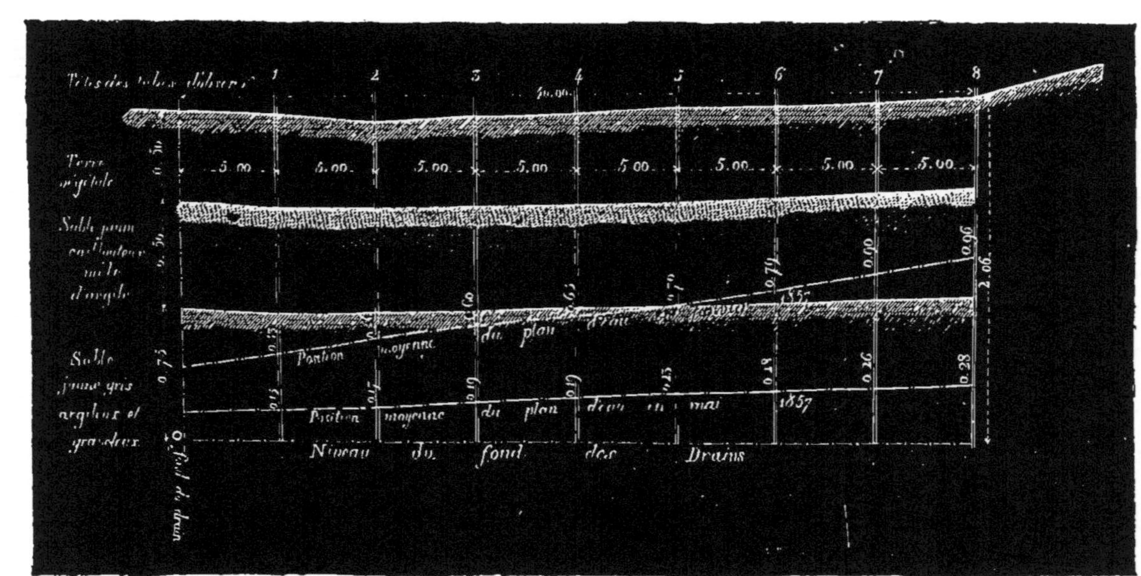

Fig. 2. — Coupe du terrain du bourg de la Motte-Beuvron (côté du Beuvron).

Échelle de 0m.002 par mètre pour les longueurs. — Échelle de 0m.02 par mètre pour les hauteurs.

est donnée, comme dans les exemples précédents, par la charge d'eau sur le drain. Le premier que nous étudierons correspond à la sortie d'eau dans le Beuvron.

POSITION MOYENNE PAR MOIS DU PLAN D'EAU SOUTERRAIN.

(*Côté de la sortie du Beuvron.*)

Mois des observations.	Débits constatés. Mèt. cubes.	Charges d'eau sur le drain aux tubes nos 1 (à 5m)	2 (à 10m)	3 (à 15m)	4 (à 20m)
Janvier 1857. .	8,125	0.45	0.51	0.60	0.65
Février. . . .	3,947	0.22	0.24	0.30	0.36
Mars.	2,299	0.17	0.20	0.26	0.22
Avril.	2,650	0.21	0.23	0.30	0.33
Mai.	974	0.15	0.17	0.19	0.19
Juin.	101	0.12	0.13	0.13	0.14

Mois des observations.	Charges d'eau sur le drain aux tubes nos 5 (à 25m)	6 (à 30m)	7 (à 35m)	8 (à 40m)
Janvier 1857 .	0.70	0.79	0.90	0.96
Février. . . .	0.45	0.46	0.50	0.58
Mars.	0.29	0.34	0.32	0.37
Avril.	0.33	0.37	0.39	0.44
Mai.	0.25	0.28	0.26	0.28
Juin.	0.14	0.14	0.14	0.15

A partir du mois de juin, l'écoulement par la sortie d'eau du Beuvron cesse complétement, par suite de la sécheresse de l'année. Cette situation s'est poursuivie jusqu'en 1858, et l'écoulement ne recommence qu'à partir du milieu du mois de mars : il n'a donné, depuis cette époque jusqu'à la fin de mai, que des débits peu importants. Pendant cet intervalle de temps, les observations ne présentent rien d'intéressant à noter, le plan d'eau s'étant trouvé la plupart du temps en contre-bas du drain et même du fond des tubes.

Comme dans les tableaux des articles précédents, nous avons mis en regard des charges d'eau une colonne faisant connaître les débits totaux par mois, constatés à la sortie d'eau. Eu égard à l'étendue de la zone d'observation, la loi que nous avons signalée déjà apparaît ici d'une manière très-nette; on voit bien clairement que, quand la masse d'eau contenue dans le sous-sol est plus considérable, la nappe d'eau souterraine se trouve relevée par deux causes, l'augmentation de charge près du drain d'une part, et son inclinaison plus grande de l'autre. C'est ainsi, par exemple, qu'il se trouvait, en moyenne, dans le mois de janvier, à $0^{m}.96$ d'élévation pour le tube placé à 40 mètres, ou à $0^{m}.78$ de profondeur dans le terrain, tandis que cette profondeur était de $1^{m}.60$ en juin. — La différence entre ces deux positions est de $0^{m}.82$.

Quant à la pente, sauf quelques petites différences peu importantes, elle se maintient assez régulièrement dans la zone de 40 mètres occupée par les tubes, ainsi que le fait voir la figure 2, qui représente la situation du plan d'eau pour les mois de janvier et de mai. Cette pente, telle qu'elle résulte des chiffres du tableau ci-dessus, a été :

	Sur 35 mètres.		Par mètre.
En janvier de. . .	0.535	ou de	0.0152
En février de. . .	0.254	—	0.0072
En mars de. . . .	0.202	—	0.0058
En avril de.. . .	0.230	—	0.0066
En mai de. . . .	0.133	—	0.0038
En juin de. . . .	0.030	ou d'une valeur insignifiante	

Le maximum d'élévation et de pente du plan d'eau souterrain a été trouvé le 22 du mois de janvier, le lendemain d'un jour de pluie qui avait succédé à plusieurs autres, et qui avait donné près de 8 millimètres d'eau. Le débit constaté à la sortie d'eau était de 317^{mc}.80 par 24 heures (220 litres par minute). La charge d'eau était, au premier tube, de 0^{m}.44 sur le drain et de 1^{m}.08 au dernier, ce qui donne 0^{m}.64 pour la pente totale, qu, en moyenne, 0^{m}.0183 par mètre. Au dernier ou huitième tube, soit à 40 mètres du drain, l'eau se trouvait encore ainsi à 0^{m}.64 en contre-bas du terrain.

Cette position maximum du plan d'eau souterrain n'a pas correspondu exactement au maximum du débit, lequel a été constaté le 24 janvier. Ce débit était de 337^{mc}.75 par 24 heures (236 litres par minute) : la charge d'eau au tube numéro 1 était comme ci-dessus de $0^m.44$; mais celle sur le dernier était réduite à $0^m.918$, et par suite la pente totale à $0^m.54$.

En présence de ces résultats, on devait se demander si la situation du plan d'eau ne résultait pas de l'insuffisance des drains par lesquels avait lieu le débit. Or, vis-à-vis la ligne d'observation des tubes, les tuyaux, au nombre de deux, portant $0^m.075$ de diamètre intérieur, sont placés suivant une pente de $0^m.007$ par mètre, et d'après les formules ordinairement adoptées, seraient capables de débiter près de 300 litres à la minute.

Ajoutons de plus que le débit constaté à la sortie d'eau correspond, à l'ensemble du drainage, du côté du Beuvron, et que celui du point en expérience, eu égard au développement relatif des lignes de drainage qui précèdent, ne peut être estimé à plus des deux tiers du total. Les drains pourraient donc débiter environ le double du cube d'eau qui leur a été fourni au maximum, et ce n'est pas, par suite, dans l'insuffisance de leur débouché qu'il faut chercher la cause de la position qu'occupe alors le plan d'eau. Comme d'ailleurs cette cause ne peut être attribuée à la petitesse des joints, ainsi que l'a fait voir Parkes (*Essays of drainage*), il faut en conclure que la position du plan d'eau résulte uniquement de la résistance du terrain à son mouvement.

L'observation des tubes de la partie du drainage versant au Chicandin nous a fourni des résultats analogues. Nous en présentons toutefois le résumé, parce qu'il donnera lieu à des remarques spéciales. Le tableau suivant fait connaître, comme celui qui précède, la situation du plan d'eau, dans la dernière dizaine d'avril, dans les trois dizaines des mois de mai et de juin 1857, et dans les deux premières dizaines du mois de juillet, époque à laquelle les observations n'ont plus été possibles.

POSITION MOYENNE, PAR PÉRIODES DE DIX JOURS, DU PLAN D'EAU SOUTERRAIN.

(*Côté de la sortie du Chicandin.*)

Mois et périodes des observations.	Charges d'eau sur les drains aux tubes n^{os}			
	1 (à 5m)	2 (à 10m)	3 (à 15m)	4 (à 20m).
Avril, 3e dizaine. . .	0.34	0.40	0.52	0.69
Mai, 1re dizaine. . .	0 27	0.32	0.42	0.58
— 2e dizaine. . .	0.24	0.29	0.37	0.52
— 3e dizaine. . .	0.21	0.23	0.32	0.46
Juin, 1re dizaine. . .	0.19	0.21	0.27	0.40
— 2e dizaine. . .	0.16	0.18	0.24	0.34
— 3e dizaine. . .	0.15	0.17	0.22	0.31
Juillet, 1re dizaine. .	0.12	0.15	0.22	0.28
— 2e dizaine. .	0.12	0.14	0.21	0.24

Mois et périodes des observations.	Charges d'eau sur les drains aux tubes nos			
	5 (à 25m)	6 (à 30m)	7 (à 35m)	8 (à 40m)
Avril, 3e dizaine. . .	0.77	0 80	0.84	0.87
Mai, 1re dizaine. . .	0 66	0.69	0.74	0.77
— 2e dizaine. . .	0 59	0.62	0.66	0.70
— 3e dizaine. . .	0.52	0.55	0 59	0.62
Juin, 1re dizaine. . .	0.45	0.46	0.50	0.52
— 2e dizaine. . .	0.38	0.39	0.43	0.45
— 3e dizaine . .	0.33	0.35	0.37	0.38
Juillet, 1re dizaine. .	0.29	0.31	0.32	0.33
— 2e dizaine. .	0.25	0.27	0.27	0.29

L'écoulement par la bouche de sortie a cessé à la fin de juin. Nous n'avons pas joint à ce tableau, comme au précédent, le débit effectué par mois, une réparation survenue en mai ayant empêché de le constater régulièrement. En comparant toutefois les chiffres ci-dessus avec les débits de l'autre sortie d'eau, on voit que la loi signalée pour le cas précédent se représente ici, c'est-à-dire que la pente du plan d'eau souterrain et son élévation marchent dans le même sens que l'état hygrométrique du sous-sol.

L'étude de ce terrain a présenté un fait que nous devons signaler. Si on étudie en effet la situation de ce plan d'eau, on la trouvera composée d'abord d'une pente plus forte suivie d'une autre pente notablement plus faible. La première se présente entre les tubes 1 et 4, la seconde entre les tubes 5 et 8. En les comparant dans ces deux intervalles, qui sont chacun de 15 mètres, on trouve qu'elles se succèdent ainsi :

PENTES DU PLAN D'UN SOUTERRAIN.

(*Côté de la sortie du Chicandin.*)

Mois et périodes des observations.	Pentes entre les tubes 1 et 4 (15m.)		Pentes entre les tubes 5 et 8 (15m.)	
	totales.	par mèt.	totales.	par mèt.
Avril, 3e dizaine. .	0.353	0.0234	0.107	0.0072
Mai, 1re dizaine. .	0.315	0.0210	0.114	0.0076
— 2e dizaine.. .	0.281	0.0188	0.113	0.0074
— 3e dizaine.. .	0.250	0.0166	0.104	0.0070
Juin, 1re dizaine. .	0.210	0.0140	0 092	0.0062
— 2e dizaine. .	0.177	0.0118	0.058	0.0038
— 3e dizaine. .	0.159	0.0116	0.050	0.6034
Juillet, 1re dizaine.	0.160	0.0107	0.043	0.0028
— 2e dizaine..	0.012	0.0080	0.045	0.0030

La figure 3 fait connaître la position du plan d'eau qui résulte des chiffres de ce tableau.

On remarquera que les pentes de la première série, tout en suivant, comme celles de la seconde, un affaiblissement successif, en raison de la diminution du débit, se maintiennent dans un rapport presque constant avec ces dernières; ce rapport est, en moyenne, de 2.65 à 1. — Cette particularité peut être attribuée à la constitution du sous-sol qui, d'après ce que nous avons dit plus haut, présente une couche d'argile à $1^{m}.25$ de profondeur au-dessous d'une première couche plus perméable. L'action de

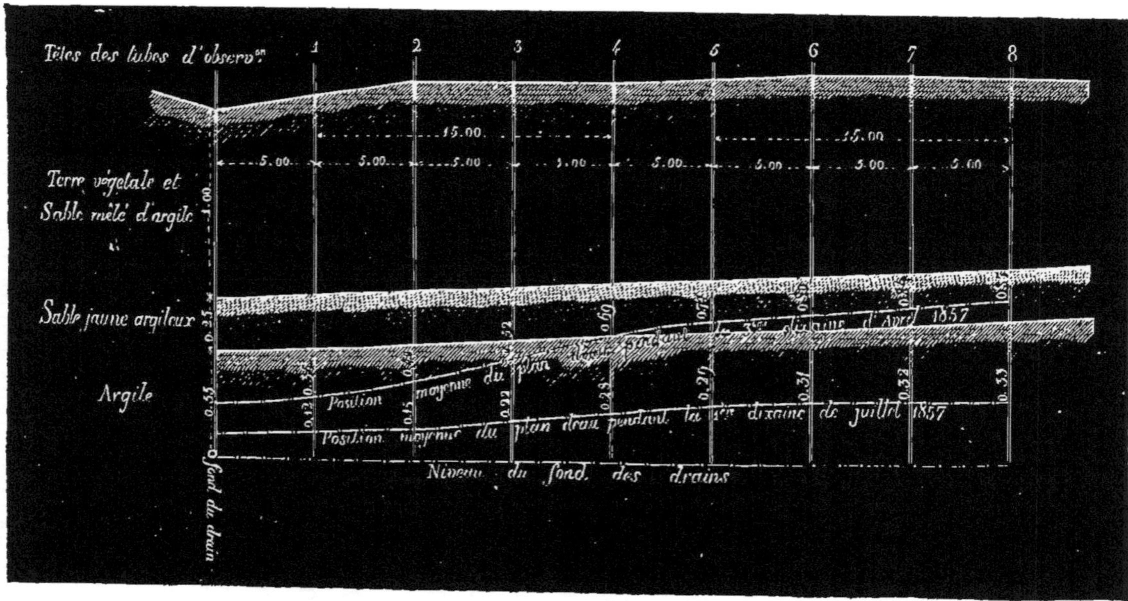

Fig. 5. — Coupe du terrain du bourg de la Motte-Beuvron (côté du Chicandin).
Échelle de 0m.002 par mètre pour les ongueurs. — Échelle de 0m.02 par mètre pour les hauteurs.

ces deux couches, d'une retentivité différente, se traduit ainsi par la succession des deux pentes, présentant un rapport presque constant du plan d'eau souterrain, de telle sorte qu'en supposant les mêmes conditions hygrométriques, ces pentes pourraient, jusqu'à un certain point, servir de mesure de la retentivité du sous-sol, ou autrement dit de l'obstacle qu'il oppose à l'écoulement latéral de l'eau. En admettant cette hypothèse, et comparant ensemble, pour le mois de mai, les deux terrains observés, on trouve qu'en appelant 1, la force rétentive du sous-sol de la ligne des tubes du Beuvron, celle de la couche supérieure de la ligne du Chicandin serait représentée par 1.90, et celle de la couche argileuse inférieure par 4.95. Ce rapprochement, auquel nous ne voulons pas donner plus d'importance qu'il ne convient, a pour avantage de mettre en évidence la différence d'action du drainage dans les terrains de différente composition, et de faire comprendre dans quelles limites peut varier la distance à observer entre les lignes de drains suivant le sous-sol rencontré.

Pour compléter la série des observations auxquelles a donné lieu le drainage du bourg de la Motte-Beuvron, nous présentons ici le relevé annoncé plus haut des quantités d'eau constatées aux bouches de sortie. Ce relevé a pu être fait très-exactement pour celle du Beuvron : l'observation de celle du Chicandin ayant souffert des interruptions, nous n'en donnerons que le résultat en bloc, en partie observé, en partie évalué.

Les débits constatés à la première sortie se distribuent par mois, ainsi que le fait voir le tableau suivant :

Périodes des observations.	Nombre de jours.	Débits en mèt. cub. Totaux.	Débits en mèt. cub. Par jour.	pluie tombée en millim.
Avril à septembre 1856.	153	13,700	89.50	337.75
Septembre.	30	2,691	89.70	126.00
Octobre.	31	1,900	61.30	23.90
Novembre.	30	973	32.40	36.25
Décembre.	31	2,164	70.00	57.25
Janvier 1857.	31	8,125	262.00	58.00
Février.	28	3,947	141.00	21.37
Mars.	31	2,299	74 00	29.13
Avril.	30	2,650	88.30	43.75
Mai.	31	974	31.40	27.37
Juin.	30	101	3.40	57.00
Totaux.	456	39,526		
Moyenne.			86.60	

Pendant le même temps, on peut estimer le cube débité par la sortie du Chicandin à 22,200 mètres, de sorte que le drainage de la Motte-Beuvron avait soutiré, dans cette période, plus de 60,000 mètres cubes d'eau souterraine qui, auparavant, y séjournaient ou n'en étaient enlevés que par l'évaporation.

On remarquera la succession présentée par les débits quotidiens, suivant les mois de l'année. Il était naturel de supposer, au premier abord, qu'ils seraient en rapport avec la masse d'eau fournie par la pluie, soit qu'elle arrive directement aux drains en traversant le sol, soit qu'elle provienne de sources qui sont produites elles-mêmes par les eaux de pluie accumulées sur des terrains plus éloignés. Toutefois, il n'en est pas ainsi, comme le font voir les chiffres inscrits dans la colonne de la pluie tombée. Ils nous apprennent que les mois pendant lesquels la hauteur d'eau tombée a été le plus considérable ne sont pas ceux des plus forts débits. Ce n'est donc pas tant l'importance des pluies qui est la cause prédominante, que leur succession et surtout que l'état hygrométrique de l'atmosphère et du sous-sol. Les débits marchent donc ainsi, en quelque sorte, en raison inverse de l'évaporation, et par suite de la température ainsi que de la clarté du ciel qui la déterminent.

Cette conclusion ressortira bien davantage encore si l'on cherche à déterminer le rapport du débit effectué, non pas seulement avec la quantité absolue d'eau tombée, mais avec celle reçue par la surface assainie, laquelle, ainsi qu'on peut le conclure des observations qui précèdent, augmente avec l'affaiblissement de la pente du plan d'eau souterrain, et par suite en même temps que le débit diminue. Ce fait provient de ce que l'assainissement est produit par l'action d'un drain unique, et par conséquent sur une surface non limitée. En considérant toutefois comme assainis tous les points pour lesquels le plan d'eau s'est trouvé à plus de $0^{m}.60$ de profondeur, et en s'aidant des indications données par les observations qui précèdent, il nous a été possible de déterminer cette surface et par suite le cube d'eau reçu par mois. Ce sont ces résultats que fait connaître le tableau suivant pour les six premiers mois de 1857, à la sortie d'eau du Beuvron.

Périodes des observations. 1857.	Pluie tombée. Millim.	Surface assainie. Hectares.	Cube d'eau reçu par la surface assainie. Mèt. cub.	Cube d'eau débité. Mèt. cub.	Rapport du débit à l'eau reçue.
Janvier. .	58.00	4 50	2,610	8,125	3.11
Février. .	21.37	7 50	1,602	3,947	2.46
Mars. . .	29 13	12.00	3,495	2,299	0.64
Avril. . .	43.75	10.50	4,593	2,650	0.56
Mai. . . .	27.37	17.00	4,653	974	0.20
Juin. . .	57.00	17.00	9,690	101	0 01
Totaux.	236.62		26,643	18,096	
		Moyenne.			0.68

Ainsi, pendant les mois de janvier et de

février, le débit fourni par les sorties d'eau dépasse notablement la masse d'eau reçue par la surface de terrain assainie. Il y avait donc, à cette époque, accumulation, dans le sous-sol, des eaux fournies par les périodes précédentes, et que l'évaporation n'a pas enlevées. Pendant le mois de mars et d'avril, il semble que cette réserve soit épuisée et que le drainage et l'évaporation agissent simultanément. Pendant les deux mois suivants, c'est au contraire l'évaporation qui agit seule, et on voit quelle est la puissance de cette action.

Le rapport moyen pendant les six mois écoulés, de janvier à juin, entre le débit et la pluie tombée est de $0^{m}.68$. Si on voulait le connaître pour l'année 1857 tout entière, l'écoulement ayant cessé complètement à partir de juin, il faudrait augmenter le total de la quatrième colonne du tableau de la masse d'eau reçue, ce qui la porterait à 63,000 mètres cubes, et conserver celui de la cinquième colonne. Le rapport serait alors réduit à $0^{m}.29$.

Il serait ainsi le double de celui trouvé, pendant la même période de temps, pour la terre des Hauts-Noirs. Ce résultat peut s'expliquer par la profondeur plus grande à laquelle se trouvent placés les drains dans le bourg de la Motte-Beuvron et qui étendent leur action sur une masse de terre plus considérable. Si cette explication est juste, la proportion d'eau débitée croîtrait plus vite que la profondeur relative des drains : ceux-ci auraient donc d'autant plus d'action sur l'écoulement qu'ils seraient établis plus bas.

Nous devons d'ailleurs ajouter que, lors de l'ouverture des drains, on a rencontré quelques sources venant du côté est du bourg, et qu'elles n'ont pas été sans doute sans influence sur l'augmentation du chiffre ci-dessus.

V. *Terre de la Brossinière.*

Les expériences qui forment la quatrième série se rapportent à la terre de la Brossinière, d'une contenance de 20 hectares. Elle dépend du domaine de la Grillère et a été drainée à la fin de 1855 et dans le commencement de 1856. Elle présente un sous-sol d'une argile compacte, se laissant difficilement pénétrer par l'eau. La partie de la pièce, dans laquelle les tubes d'observation ont été placés, a une bouche de sortie spéciale, mais assez éloignée, de sorte qu'il est difficile de connaître exactement la surface qui fournissait ses eaux à cette bouche de sortie. Les chiffres de débit que nous donnons plus loin doivent donc être considérés comme des nombres proportionnels à ceux des débits réels fournis par la surface en observation.

Au point où sont placés les tubes, les drains sont distants de 10 mètres l'un de l'autre : celui de gauche est placé à 1^{m}.05 de profondeur, celui de droite à 0^{m}.99. Les tubes, au nombre de cinq, sont distants entre eux de 2^{m}.40 chacun, le n° 1, le plus rapproché des drains de gauche, en étant distant de 0^{m}.20, et le n° 5, le plus rapproché du drain de droite, en étant également distant de 0^{m}.20.

Le tableau suivant fait connaître la charge d'eau du plan d'eau souterrain au-dessus de ses drains telle qu'elle résulte de la moyenne des observations faites depuis le mois de décembre 1857 jusques et y compris le mois de mai 1858, c'est-à-dire pendant une période de six mois. Ainsi que nous venons de l'annoncer, nous y joignons les chiffres de débits constatés qu'on ne doit considérer que comme des nombres proportionnels aux débits réels.

POSITION MOYENNE PAR MOIS DU PLAN D'EAU SOUTERRAIN.

Mois des observations.	Charges d'eau sur le drain de gauche aux tubes			Charges d'eau sur le drain de droite aux tubes		
	n° 1.	n° 2.	n° 3.	n° 3.	n° 4.	n° 5.
Décembre 1857.	0.28	0.60	0.75	0 62	0.58	0.18
Janvier 1858. .	0.25	0.67	0.68	0.55	0.35	0.13
Février. . . .	0.26	0.67	0.69	0.56	0.49	0.15
Mars.	0.23	0.59	0.66	0.53	0.50	0.11
Avril.	0.25	0.67	0.67	0.59	0.54	0.13
Mai.	0,27	0.80	0.81	0.68	0.66	0.29

	Nombres proportionnels aux débits. Totaux mensuels.		Nombres proportionnels aux débits. Totaux mensuels.
Décembre 1857.	124	Mars 1858. . .	123
Janvier 1858. .	96	Avril.	100
Février. . . .	81	Mai.	112

Comme dans les exemples précédents, la position du plan d'eau varie avec la masse d'eau débitée : il se relève quand celle-ci augmente. Toutefois cette marche n'est pas ici tout à fait aussi régulière, et le tableau ci-dessus présente à cet égard quelque anomalie. De plus, les différences de charge, en passant d'un mois à l'autre, sont beaucoup moins sensibles. Enfin, les pentes totales et par mètre courant, telles qu'elles résultent des moyennes, varient peu. Les premières se maintiennent généralement entre $0^m.42$ et $0^m.47$, et les secondes entre $0^m.085$ et $0^m.090$. Ce sont les mêmes chiffres que présentent aussi le maximum et minimum mensuels.

Nous devons toutefois faire une exception pour le maximum absolu qui a été constaté le 8 décembre 1857, trois jours après une pluie qui avait donné le 5 du même mois à l'udomètre $12^{mill}.5$ d'eau et qui avait porté le débit à la sortie d'eau de 36 à 104 (nombres proportionnels). La charge d'eau aux tubes n°s 1 et 5 a été ce jour-là de $0^{m}.28$ et $0^{m}.25$, et la pente du plan souterrain de 0.55 en totalité ou de $0^{m}.11$ par mètre courant. La charge d'eau maximum au tube n° 3 ou à mi-distance des drains a été de $0^{m}.83$ relativement au drain de gauche : l'eau se trouvait donc ainsi à $0^{m}.25$ seulement au-dessous du terrain.

Cette situation extraordinaire n'a duré qu'un jour, et le niveau s'est abaissé progressivement au milieu, sans varier très-sensiblement près des drains : il avait repris la position du 5 décembre, à $0^{m}.64$ du sol, le 18 suivant; le même jour le débit était revenu au chiffre de 36. C'est principalement par la diminution successive de la pente que ce résultat a été obtenu, le niveau ayant peu varié près des drains.

Un autre maximum a été observé le 6 du mois de mai, à la suite d'une pluie continue qui a duré depuis le 30 avril et s'est prolongée jusqu'au 7 mai, en donnant dans cet intervalle de temps près de 0m.04 d'eau. Cette masse d'eau considérable a été à peu près également répartie sur tous les jours, sauf le 6 mai, qui a donné 9mill.8 d'eau à lui seul. La charge d'eau près du drain de gauche a été de 0m.34 et de 0m.95 au tube n° 3, ou à mi-distance entre les drains. La pente s'est ainsi élevée jusqu'à 0m.12 par mètre, et le niveau de l'eau s'est trouvé seulement à 0m.17 en contre-bas du terrain. Le débit, qui était représenté par 29 le 30 avril, a été porté à 79, le 6 mai, par une augmentation graduelle. A partir du 6 mai, le débit diminue, et en même temps le plan d'eau souterrain s'abaisse. Les nouvelles pluies survenues le 13, le 14 et le 15, prolongèrent cette situation, de sorte que le plan d'eau n'avait repris son niveau, et le débit, son chiffre du 30 avril, que le 18 mai.

A partir de cette époque le débit diminue toujours et cesse enfin le 27 de mai.

Depuis le 18 mai, l'abaissement du plan d'eau suit une marche beaucoup plus rapide, et sa position à la fin du mois était la suivante. La charge d'eau au-dessus du drain gauche était de 0m.15 seulement ; la pente de la nappe d'eau était en totalité de 0^m.32 ou de 0^m.064 par mètre.

Ces trois faits, isolés des résultats moyens, rattachent d'une manière plus nette les observations de la terre de la Brossinière à la loi qui résulte des autres drainages examinés ci-dessus. Toutefois des différences bien tranchées les séparent : elles se signalent par des pentes beaucoup plus prononcées, une continuité plus grande et moins de variation dans la charge d'eau près des drains. Ces faits sont d'accord avec la marche des débits constatés à la sortie d'eau, qui présentent moins d'oscillation que dans les terrains plus pénétrables. Il semblerait donc résulter de là que l'écoulement par les drains offrirait plus de régularité dans les terrains retentifs que dans les autres, par suite de la difficulté qu'éprouveraient les eaux à s'infiltrer dans la masse de terre qui les sépare des tuyaux d'écoulement. Cette conclusion est complétement confirmée par les diverses circonstances qui ont accompagné le maximum dont il a été parlé tout à l'heure, et surtout le premier, dont l'observation présente plus de netteté, parce qu'il est produit par une pluie unique. Le débit maximum qui correspondait à la plus grande élévation du plan d'eau, s'est manifesté trois jours seulement après la pluie qui l'a produit. On a dû remarquer enfin que l'écoulement par la sortie d'eau s'est prolongé jusqu'au 27 mai, sans brusque transition, tandis qu'il cessait complétement le 24 mars aux Hauts-Noirs, et ne donnait presque rien depuis longtemps au drainage du Bourg de la Motte-Beuvron.

VI. *Terre des Rez*

Nous avons fait une application des principes qui se déduisent des observations ci-dessus, à une terre dépendant du domaine de la Motte Beuvron, désignée sous le nom de terre des Rez, d'une quinzaine d'hectares de superficie. Le sous-sol étant argilo-siliceux, nous avons fixé à 25 mètres la distance entre les drains placés à une profondeur de 1 mètre environ.

Une partie de cette terre, mesurant $2^{hect}.22$ et ayant une sortie d'eau spéciale, a été observée depuis le mois de décembre 1857. Les résultats de ces observations sont indiqués ci-dessous pour les quatre mois écoulés depuis décembre 1857 jusqu'à la fin de mai 1858.

Les tubes en tôle, où on notait la profondeur du plan d'eau souterrain, étaient au nombre de cinq, distancés de six mètres les uns des autres. Les tubes les plus rapprochés des drains en étaient distants de 0m.50. L'un des drains, que nous appellerons le drain de gauche, avait en ce point 0m.93 seulement de profondeur; l'autre, ou le drain de droite, par suite d'un affaissement accidentel de terrain, n'en avait que 0m.72.

Les quantités d'eau fournies à la sortie d'eau se sont distribuées de la façon indiquée au tableau suivant, qui fait connaître en outre la masse d'eau de pluie tombée sur les 2hect.22 observés, ainsi que son rapport avec le débit.

PLUIE TOMBÉE ET DÉBITS.

Mois des observations.	Eau tombée par hectare. Mèt. cubes.	Quantité de pluie tombée sur la surface observée. Mèt. cubes.	Cube total débité à la sortie d'eau. Mèt. cubes.
Décembre 1857.	202.50	449.55	178.14
Janvier 1858. .	131.20	291.26	46.38
Février. . . .	161.00	357.42	63.54
Mars.	311.10	690.64	267.36
Avril.	440.00	976.80	3.30
Mai.	556.00	1,223.20	11.16
Totaux. . .	1,801.80	3,988.97	569.88

Mois des observations.	Débit moyen par jour. Mèt. cubes.	Rapport du débit à la pluie tombée.
Décembre 1857. . .	5.74	0.39
Janvier 1858. . . .	1.50	0.15
Février.	2.25	0.18
Mars.	8.62	0.38
Avril.	0.11	0.00
Mai.	0.37	0.01
Moyennes. . .	3.13	0.14

Nous aurons l'occasion de renouveler ici l'observation que nous avons faite déjà plusieurs fois sur la marche des débits, qui ne suit pas celle des quantités de pluie fournies, mais semble plutôt en rapport avec l'état hygrométrique du terrain.

On remarquera que le débit se continue d'une manière assez régulière depuis le mois de décembre jusqu'au mois d'avril où il s'arrête. A partir de ce moment, il présente une ou deux reprises insignifiantes. La proportion d'eau de pluie enlevée par le drainage est ici plus considérable que nous ne l'avons trouvée, dans la période de décembre 1857 à mai 1858, à la terre des Hauts-Noirs. La position de la pièce observée aux Rez, qui part du sommet d'un petit plateau et est séparée du plateau par une assez grande étendue de terrain argileux, empêche de supposer que ce débit relativement plus considérable soit dû à une alimentation souterraine. On doit donc admettre, jusqu'à nouvel ordre, que ce fait provient de la nature du sous-sol.

Quant à la marche du plan d'eau souterrain, nous la ferons connaître en donnant d'abord la situation moyenne par mois, puis la situation maximum de chaque mois, et enfin la situation minimum Les tableaux qui suivent sont disposés comme ceux des articles précédents, avec cette différence toutefois que, les drains n'étant pas tous les deux au même niveau, la charge d'eau au milieu de la distance ne sera pas représentée par le même chiffre, suivant qu'on la prendra relativement au drain de gauche ou relativement au drain de droite. Les tubes d'observation portent d'ailleurs, et comme précédemment, des numéros d'ordre allant de la gauche vers la droite ; ainsi le tube n° 1 indique celui qui est placé à 0m.50 du drain de gauche ; le tube n° 2 est à 6 mètres du n° 1 ; les tubes nos 3, 4 et 5 sont aussi à 6 mètres de leur voisin, enfin le dernier est à 0m.50 du drain de droite.

Ces points établis, nous ferons connaître d'abord la situation moyenne par mois du plan d'eau souterrain.

SITUATION MOYENNE DU PLAN D'EAU SOUTERRAIN.

Mois des observations.	Charge d'eau au-dessus du drain de gauche aux tubes.			Charge d'eau au-dessus du drain de droite aux tubes		
	n° 1.	n° 2.	n° 3.	n° 3.	n° 4.	n° 5.
Décembre 1857.	0.20	0.30	0.32	0.23	0.23	0.08
Janvier 1858. .	0.05	0.11	0.11	0.02	0.00	-0.04
Février. . . .	0.13	0.16	0.19	0.10	0.07	0.01
Mars [1].	0.18	0.30	0.32	0.23	0.19	0.07

Le signe — du tube n° 5 de janvier indique que le plan d'eau s'est trouvé en moyenne de 0.04 en contre-bas du fond du drain de droite.

(1) Les charges d'eau n'ont pas été données pour avril et mai 1858, le plan d'eau s'étant trouvé constamment en contre-bas des drains.

En comparant ces chiffres à ceux des tableaux précédents, on remarquera de nouveau les deux faits signalés plus haut, à savoir, que la charge d'eau au-dessus des drains augmente, ainsi que la pente du plan d'eau souterrain, en raison de la masse d'eau à débiter. Cette pente est d'ailleurs sensiblement la même, suivant qu'on la compte à droite ou à gauche.

Elle est pour	décembre de	0.0096	par mètre.
—	janvier de..	0.0048	—
—	février de..	0.006	—
—	mars de...	0.0114	—

On remarquera aussi qu'au tube n° 3, c'est-à-dire au milieu de la distance séparative des drains, la hauteur du plan d'eau au-dessus du drain de gauche n'a pas dépassé en moyenne $0^m.32$, ce qui signifie qu'il se trouvait à $0^m.60$ en contre-bas du terrain. Ces conditions nous paraissant suffisantes pour un assainissement régulier, on peut en conclure d'abord que la distance de 25 mètres convenait à la nature du sous-sol de la terre des Rez. Nous ajoutons que cette distance aurait pu être encore augmentée, s'il avait été possible de donner plus de profondeur aux drains.

L'influence de l'état hygrométrique du terrain sur la situation du plan d'eau souterrain ressortira encore plus de la comparaison des résultats moyens précédents avec ceux donnés par les situations maxima et minima mensuelles.

Les dernières sont données au tableau suivant :

SITUATION MINIMA DU PLAN D'EAU SOUTERRAIN.

Mois des observations.	Charge d'eau au-dessus du drain de gauche aux tubes			Charge d'eau au-dessus du drain de droite aux tubes		
	n° 1.	n° 2.	n° 3.	n°. 3.	n° 4.	n° 5.
Décembre 1857.	0.15	0.22	0.25	0.15	0.10	0.05
Janvier 1858. .	-0.01	0.07	0.09	0.00	0.00	-0.02
Février. . . .	0.10	0.10	0.12	0.05	0.00	-0 06
Mars[1].	0.12	0.17	0.17	0.08	0.05	0.00

Le signe — indique, comme ci-dessus, que le plan d'eau est en contre-bas du fond du drain.

On voit que, dans les mois de décembre et de mars, où les débits par jour étaient au plus de 2^{m}.88 et de 1^{m}.40, les pentes du plan d'eau souterrain sont de 0^{m}.005 par mètre, tandis que dans les autres, où les minima choisis correspondent à des débits inférieurs à un mètre cube par jour, les pentes du plan d'eau souterrain sont insignifiantes.

Il n'en est pas de même dans le cas des maxima indiqués au tableau qui suit :

(1) Les plans d'eau pendant les mois d'avril et mai 1858 ont été généralement en contre-bas du niveau des drains.

SITUATION MAXIMA DU PLAN D'EAU SOUTERRAIN.

Mois des observations.	Charge d'eau au-dessus du drain de gauche aux tubes			Charge d'eau au-dessus du drain de droite aux tubes		
	n° 1.	n° 2.	n° 3.	n° 3.	n° 4.	n° 5.
Décembre 1857	0.27	0.52	0.52	0.43	0.36	0.18
Janvier 1858. .	0.20	0.36	0.38	0.29	0.23	0.13
Février. . . .	0.22	0.38	0.41	0.32	0.29	0.14
Mars.	0.30	0.62	0.63	0.54	0.45	0.21

Le maximum de décembre s'est produit le 6, après une pluie qui avait donné le 5 à midi 12 millim. d'eau, le débit à la sortie d'eau étant de 14^{mc}.40 par vingt-quatre heures. Celui de janvier s'est produit le 20 sous l'influence d'une petite pluie qui a donné à la sortie d'eau 7^{m}.20 par vingt-quatre heures. Le maximum de février a eu lieu le 3, produit par une pluie de 5^{mill}.62 du 1er du mois, suivant une sécheresse de dix jours, le débit à la sortie d'eau ètant de 7^{m}.20, comme en janvier. Enfin le maximum de mars, signalé le 16, provient d'une pluie de 10^{mill}.37 du 14, le débit à la sortie d'eau étant de 33^{mc}.12 par vingt-quatre heures. La charge d'eau au-dessus du drain qui était le 12 mars 0^{m}.38 seulement, a été portée successivement à 0^{m}.46, 0^{m}.56, 0^{m}.62, puis 0^{m}.63, pour retomber le 21 à sa hauteur initiale.

Dans ces divers cas la pente par mètre du plan d'eau souterrain a été ainsi qu'il suit :

En décembre.	0.0200
En janvier..	0.0136
En février.	0.0144
En mars..	0.0264

La loi signalée plus haut se poursuit, comme on le voit, très-régulièrement.

Le maximum du mois de mars, qui est le plus élevé de ceux étudiés, nous présente une charge d'eau de 0^{m}.65 sur le drain, ce qui signifie que le plan d'eau n'était au milieu de la distance séparative des drains qu'à 0^{m}.30 en contre-bas du sol. Si cette situation devait être permanente, on ne doit pas douter qu'elle ne constituerait pas un assainissement suffisant; mais ce sont là seulement des cas exceptionnels, d'une durée restreinte et qui ne peuvent influer par suite sur la réussite de l'opération.

VII. *Résumé et conclusions.*

On voit par ce qui précède que, si les résultats donnés par nos expériences ne présentent pas toujours la concordance la plus parfaite, il est néanmoins possible d'en tirer des conclusions conduisant à quelques principes communs. Ils seront présentés ci-après, autant pour appeler la critique sur leur énoncé et leur réformation en cas d'erreurs de notre part, que pour servir de guide dans les recherches qui seraient tentées d'un autre côté. Ces principes et les conséquences qui en découlent formeront comme le résumé de notre travail; ils concerneront les deux points principaux étudiés, savoir : le débit des terres drainées, la marche des plans d'eau souterrains.

Débit des terres drainées.

La quantité d'eau débitée par une terre drainée ne dépend pas uniquement de celle fournie par la pluie ou les sources. Elle dépend principalement de l'état hygrométrique du sous-sol, lequel résulte, il est vrai, de la masse d'eau qui lui arrive de l'extérieur, mais provient surtout de la succession des pluies, de l'état de l'atmosphère et de l'évaporation. Les causes qui déterminent l'écoulement et sa quotité sont donc liées intimement aux influences atmosphériques et présentent la même incertitude et le même imprévu que celles-ci.

Toutefois on remarquera que les débits les plus considérables se trouvent généralement dans la période de janvier à mars, et les plus faibles de juillet à octobre. Le terrain, qui, pendant cette dernière période, s'est asséché sous l'influence de l'évaporation, a besoin d'un certain temps pour reprendre son humidité normale; après quoi, l'excédant d'alimentation survenant, il perd successivement sa réserve et revient à son état normal pour être de nouveau desséché. Cette période correspond aux diverses saisons de l'année.

L'humidité normale serait, d'après cela, la quantité d'eau maximum qu'une terre convenablement drainée pourrait retenir. Pour la déterminer, on peut chercher la quantité d'eau contenue dans un terrain drainé au moment où l'écoulement commence ou bien au moment où il finit aux sorties d'eau. Des expériences semblables à celles que nous avons fait connaître en terminant l'article relatif aux Hauts-Noirs, nous ont appris que cette humidité normale pouvait être représentée par les nombres suivants, indiquant la quantité d'eau contenue dans un volume donné pris pour unité : Hauts-Noirs, $0^{m}.217$; terre du bourg de Lamotte-Beuvron, prise près des tubes d'observation (côté du Beuvron), $0^{m}.147$; même terre, prise près des tubes d'observation (côté du Chicandin), $0^{m}.200$; terre des Rez, $0^{m}.248$.

Dans les terres argilo-siliceuses, dans lesquelles la silice domine ou tend à dominer, les variations dans les débits sont plus grandes : ils commencent à une époque plus reculée de l'année et finissent plus tôt.

Dans les terres argileuses pures, les débits se font d'une manière plus continue et plus régulière : ils finissent beaucoup plus tard. Les eaux qui proviennent de drainages faits dans cette nature de terrain se répartissent donc mieux et arrivent plus régulièrement aux cours d'eau qui les reçoivent.

Quant au temps de la pénétration, il est beaucoup plus court dans les premiers terrains que dans les seconds. Le maximum du débit résultant d'une pluie extraordinaire s'est montré dans un intervalle de vingt-quatre heures au plus dans les terrains argilo-siliceux [1] : il met trois jours à se former dans les autres en se prolongeant davantage.

On peut donc conclure de là que le drainage des terrains argileux tendrait à modifier moins brusquement le régime des cours d'eau ; on peut en conclure aussi, en thèse

(1) A la suite d'un orage violent qui avait commencé le 10 septembre 1856 à 1 heure et fini à 1 heure 1/2, le débit du drainage du bourg de Lamotte-Beuvron s'est augmenté brusquement : de 5 litres qu'il donnait à la minute, il était à 92 à 2 heures 1/2, et à 150 le lendemain 11 septembre à 8 heures du matin. C'est l'exemple le plus saillant de pénétration rapide que nous ayons constaté.

générale, que le drainage qui influera le moins sur le volume des crues sera celui qui s'appliquera aux terrains argileux à l'origine des cours d'eau, et aux terrains argilo-siliceux à leur extrémité.

Il est intéressant de comparer le temps de pénétration du drainage avec celui que mettent les crues à se propager dans les rivières. Or des observations faites en 1857 sur les rivières du Cosson et du Beuvron, à des points situés à 24 et 36 kilom. de leur source, il résulte que le temps écoulé entre le moment du maximum des pluies importantes et celui des crues qu'elles ont produites a varié entre 14 et 29 heures[1]. Les données nous manquent pour dire d'une manière générale que ce temps est supérieur à celui de la pénétration des eaux de drainage des terrains argilo-siliceux, quoique tout donne lieu de le supposer; mais il est certainement plus court que celui observé pour les sous-sols argileux, ce qui vient confirmer l'observation qui précède.

Nous n'avons pas encore de résultats assez nombreux pour savoir quelle proportion de l'eau de pluie tombée sur les terrains

(1) Ces rivières ont été curées et redressées de 1852 à 1855.

drainés est débitée par eux. Les seules observations un peu complètes que nous ayons faites s'appliquent à la terre des Hauts-Noirs. On a vu qu'en 1856 cette proportion avait été de 0.18, et de 0.14 en 1857. Pendant cette dernière année, des études ont été faites sur les rivières de la Sologne, pour la détermination de ce rapport. Nous l'avons trouvé sur le Beuvron de 0.20 à 15 kilom. de la source, et de 0.18 à Lamotte-Beuvron à 36 kilom. Sur le Cosson, il a été de 0.20 à 24 kilom. de sa source; de 0.10 à 48 kilom., et enfin de 0.07 seulement à 74 kilom. Ces rapports ont été déterminés en comparant la quantité d'eau totale débitée, en 1857, par les rivières aux diverses stations, avec celle de l'eau de pluie tombée sur les versants.

Si donc on admet pour un moment que tous les terrains versants aient été drainés dans les mêmes conditions que les Hauts-Noirs, et que la proportion d'eau fournie par eux en 1857 ait été partout de 0.14, on voit que le débit des rivières n'eût pas été modifié si les drainages eussent abouti aux cours d'eau entre le trentième et le quarantième kilomètre. On peut en conclure aussi que ce débit eût été diminué si l'arrivée des drainages avait eu lieu au-dessus, et augmenté au contraire si elle avait été placée en aval. Quoique l'hypothèse qui a conduit à ces conclusions ne soit pas inattaquable, les conséquences qui s'en déduisent ne sont pas contraires à celles que fournit le raisonnement. Il est certain, en effet, que, si le débit des cours d'eau va en diminuant relativement d'importance à mesure qu'ils s'éloignent de leur source, ce fait est dû à l'action de l'évaporation qui leur fait perdre une partie d'autant plus grande du contingent que leur fournissent les versants. C'est ce qui justifie la dernière partie de nos conclusions. Quant à la première, il semblerait en résulter que le débit du drainage serait en somme (au moins dans nos terrains imperméables) inférieur à celui des écoulements naturels, soit de surface, soit de source, et c'est ce qui a besoin d'être confirmé par de nouvelles expériences.

C'est pour les provoquer que nous établissons ainsi qu'il suit, en la généralisant, la proposition ci-dessus, sur laquelle les critiques pourront porter. *Il existe, dans les rivières traversant des terrains imperméables, une partie de leur cours à laquelle les drainages de ces terrains peuvent aboutir sans modifier le débit total annuel : les drainages faits au-dessus tendront à diminuer ce débit, ceux faits en aval à l'augmenter.*

Ces observations, s'appliquant au débit annuel, ne détruisent en rien celles que nous avons présentées plus haut en ce qui concerne les crues : elles ne modifient pas davantage celles qui résultent du mode de répartition des eaux.

Marche des plans d'eau souterrain.

La marche des plans d'eau souterrains, dans les terres drainées, ou, autrement dit, la hauteur variable à laquelle ils se maintiennent relativement aux drains, est en rapport avec la marche du débit, et dépend par conséquent de l'état hygrométrique du sous-sol. Lorsque le débit augmente, la nappe d'eau s'élève; elle s'abaisse, au contraire, quand le débit diminue. Ce mouvement du plan d'eau résulte de deux circonstances particulières qui l'accompagnent, savoir : sa position au-dessus des drains et sa pente. Ainsi, quand on voit le débit augmenter, on voit la charge d'eau sur le drain augmenter en même temps; on voit aussi le niveau du plan d'eau s'élever plus rapidement à mesure qu'on s'éloigne du drain : c'est le contraire qui arrive quand le débit diminue.

Cette marche ne présente pas toutefois le même caractère dans des terrains de composition différente.

Ainsi, dans les terrains silico-argileux où la silice tend à dominer, les variations de la charge d'eau sur le drain sont plus fréquentes et ont lieu dans de plus grandes limites, mais la pente est plus faible et varie moins. Dans les terrains argileux, au contraire, la charge d'eau sur le drain présente des variations plus faibles; mais la pente est plus considérable et varie davantage; de sorte que, si on considère la position de la nappe d'eau à mi-distance du drain, on peut dire que, dans le premier terrain, elle dépend plutôt de la charge d'eau que nous avons appelée initiale, et que, dans le second, elle dépend plutôt de la pente affectée par le plan d'eau.

Nous renvoyons aux tableaux précédemment donnés pour l'intelligence complète de ces observations. La figure 4, qui se trouve page 74, n'est que la représentation graphique des chiffres des tableaux, pour les terrains argileux d'une part, et les terrains silico-argileux (où la silice tend à dominer) d'autre part. Quoique la comparaison qu'elle met en évidence porte sur les positions maxima et moyennes de la nappe d'eau dans ces deux terrains, et que, par suite, les faits se présentent d'une manière moins saillante,

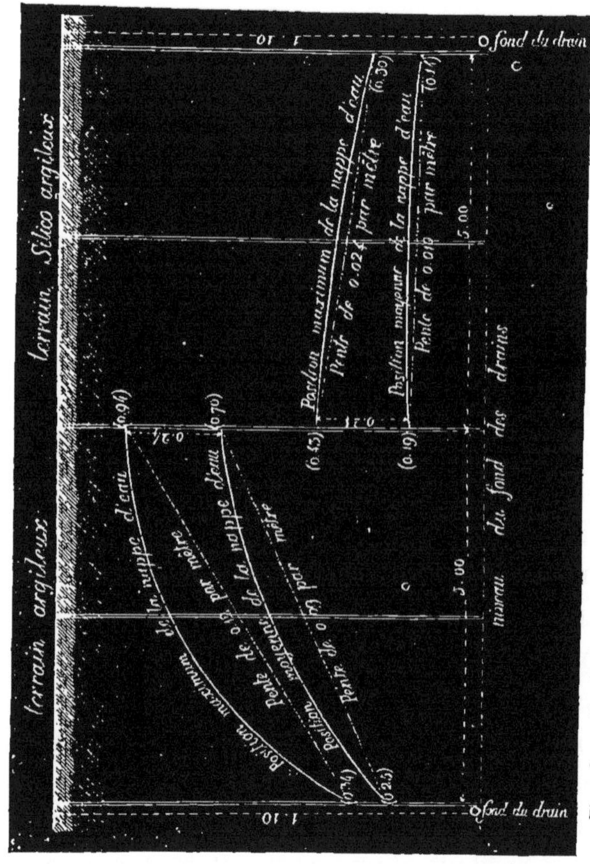

Fig. 4. — Variations de la nappe d'eau souterraine dans un terrain drainé.
Échelle de 0m.008 par mètre pour les longueurs. Échelle de 0m.04 par mètre pour les hauteurs.

on n'en voit pas moins ressortir clairement la loi que nous venons d'établir. Ainsi la différence entre les deux positions de la nappe d'eau au-dessus du drain est de $0^m.09$ seulement pour le terrain argileux (côté gauche de la figure), et de $0^m.16$ pour le terrain silico-argileux (côté droit). Mais, si on se reporte à la mi-distance des drains, supposés de 8 à 10 mètres l'un de l'autre, on trouve cette différence égale à $0^m.24$ pour les deux terrains. Elle a donc augmenté plus rapidement dans le terrain argileux que dans l'autre, de manière à compenser la différence du point de départ.

Ces résultats sont d'accord avec ceux que nous avons constatés en ce qui concerne les débits, et, sans qu'il soit besoin d'en rechercher les causes, on comprend dès à présent qu'ils ne sont pas contraires à l'idée générale qu'on peut se former du mode d'action des terrains et de l'influence que leur nature particulière exerce pour s'opposer au mouvement latéral des eaux du sous-sol.

Conclusion.

Il convient donc, dans la rédaction des projets de drainage, de tenir compte de ces faits importants. Pour le faire utilement, il faudrait, dans un terrain de composition donnée, pouvoir connaître exactement les chiffres représentant la charge initiale, ainsi que la pente correspondante à divers états hygrométriques du terrain. Un tableau complet de ces données préliminaires donnerait donc la solution de tous les problèmes que peut rencontrer le constructeur-draineur. Mais sa rédaction présente des difficultés assez importantes, et la première de toutes est la définition du terrain, définition assez précise pour que chacun puisse le retrouver facilement. Cette définition est liée, jusqu'à un certain point, à la question même du drainage; de sorte que le mode à employer pour le faire doit résulter des observations elles-mêmes.

Jusqu'à ce qu'il soit complétement fixé, on doit se contenter des désignations ordinaires, toutes vagues qu'elles soient. C'est ce que nous avons fait dans le tableau suivant, qui ne doit être considéré, par suite, que comme le premier essai de celui qui, avec l'aide des résultats que fourniront les observations ultérieures, sera par la suite le guide du constructeur de drainage. Le nombre des chiffres que nous présentons est d'ailleurs assez restreint pour faire sentir le besoin de ces observations. Nous les donnons toutefois parce qu'ils peuvent encore être d'une certaine utilité.

POSITION DU PLAN D'EAU DANS LES TERRES DRAINÉES [1].

Définitions des terrains.	Charge d'eau initiale.		Pente par mètre du plan d'eau.	
	Moy.	Maxima	Moy.	Maxima.
Silico-argileux (la silice dominant) [2].	"	"	0.008	0.016
Silico-argileux (la silice tendant à dominer) [3]. .	0.14	0.30	0.010	0.026
Argilo-siliceux et banc d'argile [4].	0.20	0.34	0.016	0.032
Argile compacte [5]. . . .	0.25	0.34	0.090	0.120

Les charges d'eau initiales du premier terrain ne sont pas indiquées, parce que la po-

(1) Peut-être conviendrait-il, pour définir les terrains, d'avoir recours aux deux méthodes suivantes :

1° Le système de lévigation employé par Thaër et décrit par M. de Gasparin. (*Cours d'Agriculture*, 2e éd., t. I, p. 172.)

2° Le mode de détermination de la cohésion, également indiqué par M. de Gasparin, et qui consiste à faire tomber d'un mètre de hauteur une bêche du poids de 2k.75, et de mesurer l'enfoncement qu'elle prend dans le terrain.

Si on adoptait ces deux moyens combinés, ce qui nous semble le plus simple, le tableau ci-dessus devrait contenir cinq colonnes supplémentaires pour les définitions des terrains : les quatre premières, intitulées *résultats de lévigation*, indiqueraient, sur 100 parties en poids sec, le nombre de celles séparées par le tamisage au millimètre, le nombre de celles du 1er, du 2e et du 3e lots; la cinquième, intitulée *cohésion*, indiquerait en millimètres l'enfoncement constaté à la bêche d'épreuve.

(2) 16 mois d'observation, de novembre 1856 à mai 1858. Maximum en avril 1857.

(3) Moyennes de deux terrains observés, l'un de décembre 1857 à mai 1858, l'autre de janvier à juin 1857. Maximum le 16 mars 1858.

(4) 3 mois d'observation. Maximum en avril 1857.

(5) 6 mois d'observation, de décembre 1857 à mai 1858.

sition particulière dans laquelle se trouve le terrain dont ces renseignements ont été extraits (pré du Château) a dû influer sur les chiffres trouvés.

Les chiffres du second terrain sont les moyennes de ceux fournis par l'observation des Rez et du drainage de la Motte-Beuvron. Ceux du troisième résultent de l'observation du même drainage (côté du Chicandin). Enfin ceux du quatrième sont fournis par les observations de la Brossinière.

Les moyennes prises sont celles correspondantes aux jours pendant lesquels un certain débit était constaté aux sorties d'eau : on a laissé de côté toutes les observations pendant lesquelles ce débit était suspendu.

Nous avons réduit les indications du tableau aux renseignements strictement nécessaires au constructeur. Il n'a, en effet, besoin de connaître que la position moyenne et la position maxima qui résulteront de ses combinaisons, afin d'être complétement fixé sur leur valeur.

Quelque incomplet que soit d'ailleurs notre tableau, il est possible toutefois de se rendre compte de la variété que ces combinaisons peuvent présenter, suivant la composition du terrain, suivant sa déclivité et les facilités qu'il présente pour la sortie d'eau. On voit ainsi qu'à profondeur égale, et pour produire le même résultat, on peut distancer huit fois plus les drains dans le premier terrain du tableau que dans le quatrième, et cinq fois plus dans le deuxième et le troisième. On voit aussi quelle influence peut avoir l'approfondissement donné aux drains sur leur distance, et le drainage du bourg de la Motte-Beuvron à 1^{m}.75 de profondeur en a été une preuve sensible, puisqu'il a démontré qu'on aurait pu, dans ce terrain, obtenir un assainissement énergique en portant cette distance à 80 mètres.

D'autres combinaisons peuvent résulter encore de l'étude de l'influence exercée par le séjour plus ou moins prolongé, mais, dans tous les cas, temporaire, du niveau de l'eau souterrain à proximité du sol. Si le constructeur est sûr d'avance du résultat qu'il obtiendra, s'il sait qu'il forcera le plan d'eau souterrain à ne pas dépasser une hauteur donnée, il peut aussi se demander laquelle sera la plus convenable et jusqu'à quelles limites il peut aller pour économiser la dépense sans compromettre la végétation. Il peut aussi rechercher quel niveau convient mieux à telle ou telle culture et même à tel ou tel climat. Le drainage nous est arrivé d'Angleterre, où il a été pratiqué dans des terrains généralement argileux et avec des conditions climatériques telles, que le point unique à rechercher semblait être l'abaissement maximum des eaux souterraines. On doit se demander si les mêmes conditions existent chez nous, et si, à mesure que l'on se rapproche des pays où l'évaporation a plus d'influence, où la température et l'état du ciel présentent plus de variations, il n'y a pas lieu d'étudier le drainage et de l'exécuter à un autre point de vue moins restreint. On doit se demander enfin s'il ne pourrait point y avoir de danger à assainir trop complétement et surtout trop brusquement, et s'il ne conviendrait pas de conserver dans le sous-sol des sortes de réservoirs mieux aménagés.

La solution de semblables questions intéresse, suivant nous, particulièrement la France. Si elles sont étudiées, elles conduiront nécessairement à des réductions dans le prix de revient du drainage, et, par suite, à son extension. Mais elles ne pourront l'être complétement et utilement, nous le répéterons, que si le constructeur a entre les mains les moyens de connaître d'avance et très-approximativement les effets que telle ou telle combinaison doit produire. Ces moyens, la rédaction du tableau dont nous avons esquissé les premiers termes les lui fournira, et c'est pour le voir le plus tôt possible complété que nous appellerons, à la fin de ce travail comme nous l'avons fait au commencement, le concours de tous ceux qui s'intéressent au progrès du drainage.

Avant de clore toutefois ce résumé, nous croyons utile de faire connaître ou de rappeler une méthode qui peut dès à présent suppléer à l'insuffisance des renseignements connus pour déterminer l'influence du drainage dans un terrain donné. Cette méthode consiste à ouvrir une ligne de drain, ce sera ordinairement le drain principal ou d'évacuation, et de placer à droite et à gauche une certaine quantité des tubes en tôle qui ont servi à nos expériences. L'étude de la marche du plan d'eau pendant la période où la terre présente le plus d'humidité, c'est-à-dire de décembre ou janvier à mars ou avril, fournira ordinairement les indications principales dont on pourra avoir besoin.

VIII. — *Application des données précédentes.*

Nous terminerons ce travail en présentant au lecteur un ou deux exemples pour la mise en application des données qui précèdent.

On peut en déduire la formule suivante :

En appelant x la distance à observer entre les drains, H, la charge d'eau au-dessus du drain au milieu de cette distance, h, la charge d'eau initiale, et p, la pente par mètre; on a $x = 2\frac{H-h}{p}$.

De là on déduit cette règle : *Pour trouver la distance à donner entre deux lignes de drain dans un terrain donné, déterminez d'abord la hauteur* (*H*) *de la charge d'eau maximum que vous voulez avoir sur votre drain au milieu de cette distance ; pour cela, retranchez du nombre exprimant la profondeur du drain*[1] *celui qui indique la distance du sol au niveau du plan d'eau souterrain que vous ne voulez point voir dépassé*[2]*; de la hauteur H ainsi déterminée retranchez la hauteur initiale* (*h*) *donnée par le tableau de la page* 77*, suivant le terrain ou le cas considéré : divisez la différence obtenue par la pente* (*p*) *par mètre correspondante à la charge initiale, et que le tableau donne éga-*

(1) La profondeur du drain résulte de l'étude du projet : on peut, à moins de circonstances exceptionnelles, la prendre aussi grande que possible, dans les limites de 1 mètre à 1^{m}.80.

(2) Nous pensons que le plan d'eau ne doit pas se trouver, en moyenne, à moins de 0^{m}.60 près du sol, et que, dans aucun cas, cette distance ne peut être réduite à moins de 0^{m}.20.

lement; doublez enfin le résultat de la division, et vous aurez en mètres la distance cherchée.

Il convient pour chaque terrain de faire deux fois cette opération, l'une pour la moyenne et l'autre pour le maximum et de prendre le plus petit des deux nombres ainsi obtenus.

Pour donner un exemple d'application, supposons que le terrain considéré puisse être drainé à $1^m.50$ de profondeur et qu'il soit de la nature de ceux que nous avons désignés sous le nom de silico-argileux (seconde ligne du tableau, p. 77). Cherchons d'abord la distance qui correspondrait à la situation moyenne du plan d'eau souterrain. La profondeur du drain étant de $1^m.50$, la distance du sol au niveau maximum de ce plan d'eau sera de $0^m.60$, et par conséquent H égal à $0^m,90$. D'après le tableau, p. 77, la charge initiale, ou h, est égale à $0^m.14$, et par suite la différence, ou $H-h$, égale à $0^m.76$. La pente p ayant une valeur de $0^m.010$, la division du chiffre précédent par celui-ci donnera 76 mètres, soit 152 mètres pour la distance totale, ou la valeur de x.

Si on cherche ensuite la distance correspondante à la situation maximum du plan d'eau, la distance du sol à son point le plus élevé étant admise de 0m.20, H sera égal à 1m.30, *h* à 0m.30 (voir le tableau), H—*h*, à 1 mètre, *p*, à 0m.026, et la distance cherchée à 77m.

Supposons maintenant que le terrain rencontré soit une argile compacte, dans laquelle les drains puissent être placés à 1m.70 de profondeur. Si on cherche la distance à donner entre les lignes de drains pour que le plan d'eau se tienne en moyenne à 0m.60 en contre-bas du terrain, on aura H égal à 1m.10 ; la charge initiale *h* sera alors égale (4e ligne du tableau de la p. 77) à 0m.25, la pente par mètre à 0m.090 et par suite la distance cherchée à 21 mètres. Quant à celle qui correspondrait à la situation maximum du plan d'eau, on la trouverait par le même procédé égale à 19 mètres.

Dans ce cas, en effet, on a H égal à 1m.50, *h*, à 0m.34 et *p*, à 0m.120. On pourrait donc adopter 20 mètres dans l'argile compacte pour la distance à donner aux drains si leur profondeur était de 1m.70.

Ces exemples suffisent, nous le pensons, pour apporter toute clarté dans la mise en application des donneés résultant de nos expériences.

FIN.

www.ingramcontent.com/pod-product-compliance
Ingram Content Group UK Ltd.
Pitfield, Milton Keynes, MK11 3LW, UK
UKHW012055240726
13965UKWH00004B/1305

9 782013 033190